# 魔法少女的秘密工房

## 變身用具和魔法小物的製作方法

魔法用具鍊成所 著

# Contents

# 接著劑的選用方法

在本書中需要將金屬配件和樹脂配件組合在一起，並加以接著固定來製成作品。
因此有必要根據素材的不同，選用正確的接著劑。在這裡，將為各位解說本書中使用的各種接著劑的特性以及使用上的注意事項。

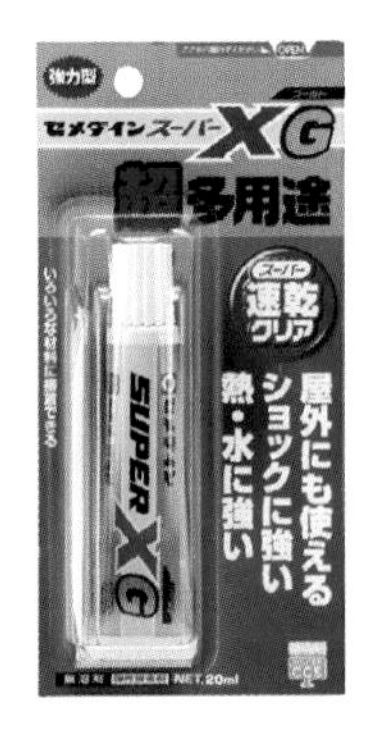


### 適用大多數的素材
### 速乾並且耐衝擊
### SUPER-XG

可用於金屬、塑膠、UV樹脂、布料、皮革等多種素材，是超多用途型的產品。膠性透明且具有黏度，可以厚塗，因此也適用於立體零配件的接著組裝。具有耐熱、防水和耐衝擊的特性，即使被撞擊或掉落也不容易脫落。但是由於黏度高的關係，在塗抹時有可能會牽絲，必須小心。

| 固化方法 | 固化速度 | 黏度 | 固化後的質感 |
|---|---|---|---|
| 會依濕度反應固化 | 快速 | 如同麥芽糖般的厚重感 | 如同橡皮擦般的彈性 |

### 不牽絲、
### 透明乾淨的外觀
### 高品質模型用

不僅適用於模型，也可用於金屬、塑膠、UV樹脂等素材。不會牽絲，只要在還沒硬化之前，用水就可以擦拭乾淨。特色是透明美觀，乾燥後不易變黃。不過因為很難厚塗的關係，因此建議使用於外形美觀優先於強度和速度的作品。

| 固化方法 | 固化速度 | 黏度 | 固化後的質感 |
|---|---|---|---|
| 因水分、溶劑揮發而固化 | 稍微需要時間 | 偏低 | 硬 |

### 強度◎、乾燥速度◎
### 堅固耐用的
### EXCEL EPO

適用於金屬和塑膠等硬物之間黏著。由於固化後具有很高的透明度，即使溢出也不會引人注目，而且外形美觀。膠性可以厚塗，因此也可以用來接著立體的零配件。本產品屬於環氧樹脂類的接著劑，因此應在通風良好的環境中進行作業，並應注意不要接觸皮膚。

| 固化方法 | 固化速度 | 黏度 | 固化後的質感 |
|---|---|---|---|
| 二液混合後，引起化學反應而固化 | 混合後約 10 分鐘開始固化 | 偏高 | 硬 |

### 在 5 分鐘內開始固化的
### 高速型接著劑
### SUPER 5

適用於金屬和塑膠等硬物之間黏著。固化時間比「EXCEL EPO」短，因此建議需要快速接著時使用。本產品屬於環氧樹脂類的接著劑，因此應在通風良好的環境中進行作業，並應注意不要接觸皮膚。

| 固化方法 | 固化速度 | 黏度 | 固化後的質感 |
|---|---|---|---|
| 二液混合後，引起化學反應而固化 | 混合後約 5 分鐘開始固化 | 偏高 | 硬 |

**Q. 是否可以使用瞬間接著劑？**

**A.** 配件可能會變成渾濁的白色。而且承受衝擊的能力也不佳，因此不建議使用於本書所解說的作品。

**Q. 哪一種可用於樹脂和金屬配件的接著劑黃變最少？**

**A.**「高品質模型用」的黃變最少。 但如果需要厚塗上膠，或是需要在短時間內固化的時候，建議使用黃變的狀況相對較小的二液型的「EXCEL EPO」（還是會有若干黃化現象）。

**Q. 本來打算牢牢地固定住，沒想到一下子就脫落了。**

**A.** 接著黏合的強度是與接著面積成正比，而不是與塗膠量成正比。在平面接著的情況下，均勻且薄薄地（約 0.05mm）推開膠體即可，而在需要接著立體配件的情況下，厚塗上膠的效果較好。為了要能夠確實固化，請在接著之前清潔素材表面，並在塗抹上膠後放置 24 小時，直到強度完全發揮出來為止。
另外，對於像是「EXCEL EPO」這類二液混合的類型來說，重要的是「以 1：1 的比例充分混合」。將二液分別擠出相同長度和寬度的一道膠液並平行排列，然後用刮刀而不是牙籤這類工具將二液均勻混合，以便確實地反應固化。

協力：施敏打硬株式會社

# 樹脂液的基礎知識

樹脂的英文是「Resin」。像是松脂和清漆這類天然樹脂或是人工製造的合成樹脂都統稱為樹脂（Resin）。不過在手工藝材料中所使用的樹脂，大多指的是「UV 樹脂」或是「二液型環氧樹脂」這兩種。本書也是使用這兩種類型的樹脂。

UV-LED 樹脂
星之雫 [Hard Type]
（PADICO）

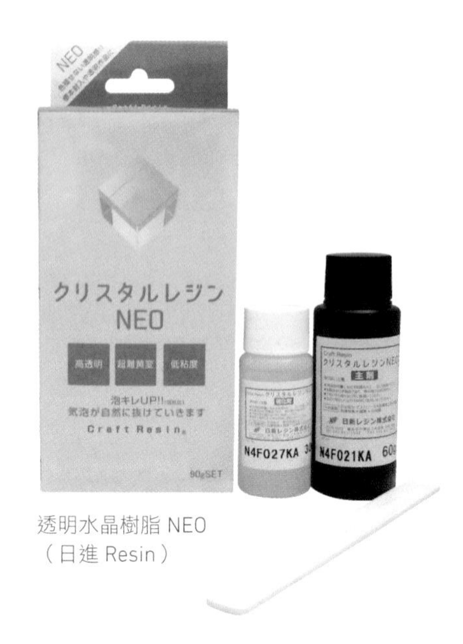


透明水晶樹脂 NEO
（日進 Resin）

## UV 樹脂液

這是一種藉由紫外線達到固化效果的液體。雖然也可以藉由日光來固化，但是如果用 UV 燈來照射紫外線，可以縮短固化時間。和二液型環氧樹脂液相較之下，更容易操作處理，因此建議樹脂初學者使用。
UV 樹脂液只能用於紫外線可以穿透的透明模具。另外，如果形狀較厚，則由於紫外線不容易抵達內部的關係，造成難以固化。因此會需要分多個步驟進行固化。

## 二液型環氧樹脂

這是一種藉由混合兩種液體（主劑和固化劑）來達到固化效果的樹脂液體。由於價格比 UV 樹脂便宜，因此適合以銷售營利為目的，或是要製作大量作品時使用。與暴露在 UV 燈下會立即固化的 UV 樹脂液不同，二液型環氧樹脂需要 1~2 天才能固化，但是可以使用在不透明的模具，因此是一種作品適用範圍較廣泛的材料。

**注意事項**
- 請配戴防毒面具並在通風良好的環境中操作。
- 請戴上丁腈橡膠手套以防止樹脂液接觸皮膚。

| | 價格 | 效果時間 | 可使用的模具 | 其他特性 |
|---|---|---|---|---|
| **UV 樹脂液** | 比二液型貴 | 短時間即可固化 | 透明 | ●以 UV 燈照射，暴露在紫外線下會立即固化，因此可以在短時間內完成作品。<br>●在價格均一商店也有販售，很容易取得。<br>●固化時容易產生收縮。<br>●如果染色成深色，會因為紫外線無法穿透而難以固化。 |
| **二液型<br>環氧樹脂液** | 比 UV 便宜 | 固化需 1~2 日 | 透明、不透明<br>都可以使用 | ●由於固化時間長，作業過程中產生的氣泡會自然溢出，使得完成品的表面更加平整。<br>●氣溫愈高，固化的速度愈快。<br>●混合兩種液體時，如果用量錯誤，將會無法很好地固化。因此必須以 0.1g 為單位精確稱重。<br>●必須穿戴丁腈橡膠手套和防毒面具，並在通風良好的環境中操作。 |

# 樹脂液的使用方法

介紹本書中所使用的 2 種類型的樹脂液。如果您是第一次接觸樹脂手工藝，請從 UV 樹脂液開始使用。我們建議使用模具質地柔軟且易於取出的矽膠模具。

## UV 樹脂液的使用方法

**材料**
- UV 樹脂液
- 染色劑

**用具**
- 調色盤
- 調色棒
- 矽膠模具
- 牙籤或竹籤
- 熱風槍
- UV 燈
- 剪刀或斜口鉗

1

將 UV 樹脂液和染色劑倒入調色盤中，慢慢地攪拌混合，以確保不會產生氣泡。

2

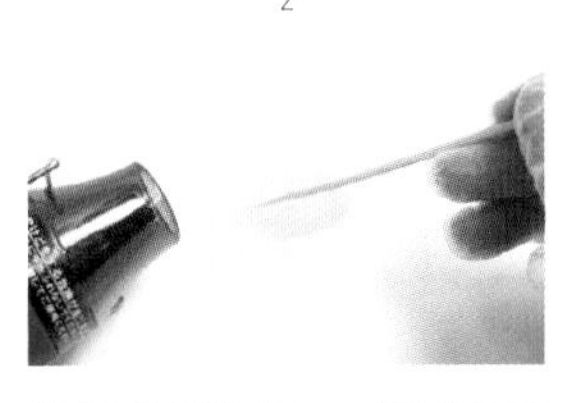

如果有氣泡產生，請用牙籤或竹籤將其挑破，或用熱風槍加熱消除氣泡。

3

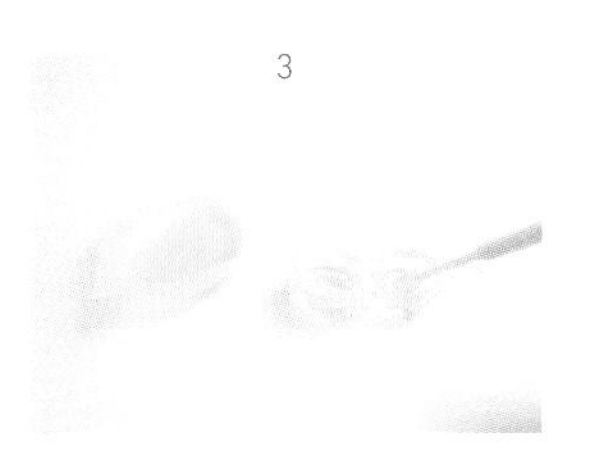

把樹脂液倒入模具。若有氣泡產生，請重複②的步驟。

- UV 燈的照射時間會因為樹脂液的量、模具的大小以及光的類型而有所不同（大約 4~8 分鐘左右）。
- 如果有氣泡的話，在固化過程中氣泡會破裂，使得表面變得不平整或在內部形成孔洞，導致外觀變得不平整。在使用 UV 燈固化之前，請徹底消除氣泡吧！

4

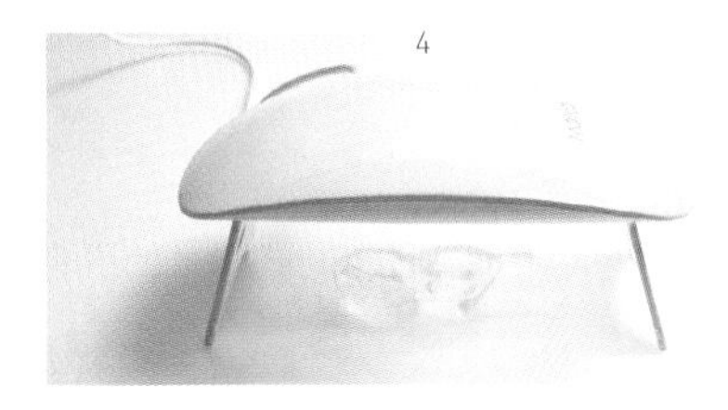

用 UV 燈照射幾分鐘。檢查表面的觸感，如果仍感覺黏乎乎地，請從另一個方向或從後表面再照射一次 UV 燈。

5

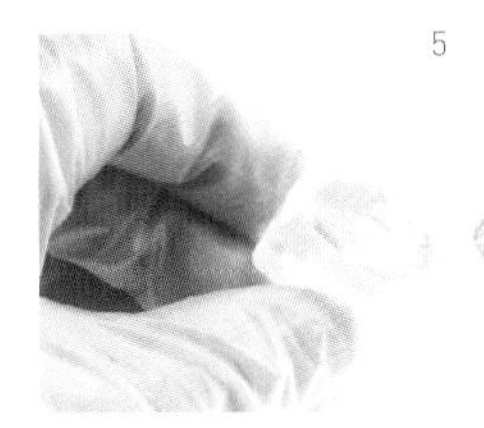

固化後，待樹脂冷卻，自模具裡取出。用剪刀或斜口鉗將毛邊（多餘的凸起物）去除。

---

## 二液型環氧樹脂液的使用方法

**材料**
- 二液型環氧樹脂液
- 染色劑

**用具**
- 丁腈橡膠手套
- 防毒面具
- 電子秤
- 塑膠杯
- 橡膠刮刀
- 牙籤或竹籤
- 熱風槍
- 尺寸足以覆蓋整個模具的防塵蓋（如食物保鮮盒等）

1

將塑膠杯放在電子秤上，倒入所需量的主劑。

2

在①中添加規定量的固化劑（主劑與固化劑的比例因產品而異）。

3

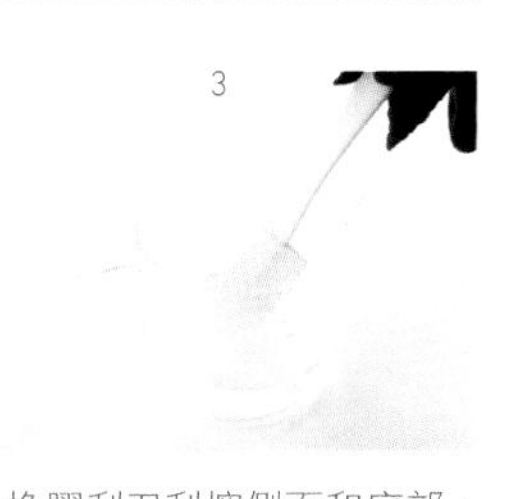

用橡膠刮刀刮擦側面和底部，充分混合。請注意，混拌不夠充分的話，可能會導致固化不良。

4

一點一點地加入染色劑混合。如果產生氣泡的話，請用牙籤或竹籤將其挑破，或用熱風槍加熱消除氣泡。

5

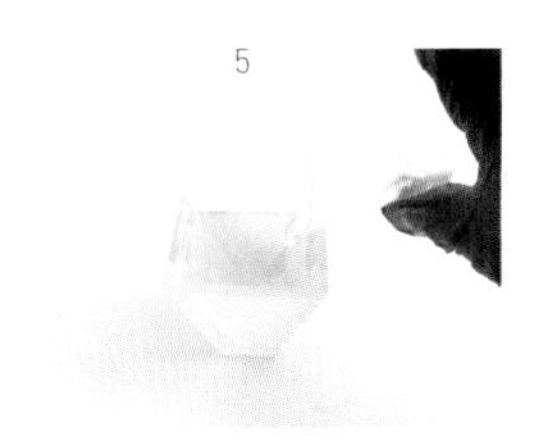

將樹脂液慢慢倒入模具中。如果產生氣泡時，請重複步驟④。

6

放在平坦的表面上 24~48 小時（視季節以及環境而有不同），待其固化。覆蓋遮蓋物，避免落塵污染會更好。

7

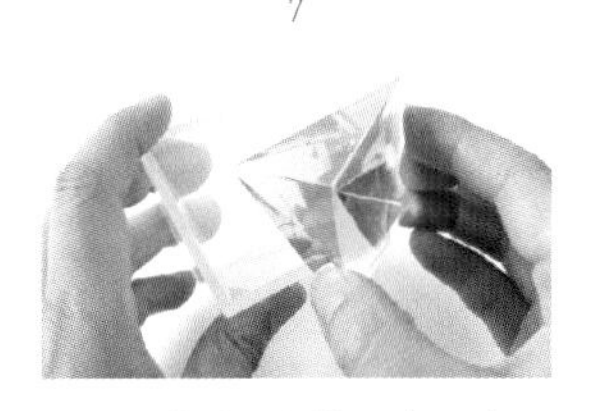

完全固化後，從模具中取出。

※ 即使是少量的樹脂液，也請勿倒入排水管（因為會變硬）。
※ 使用二液型環氧樹脂液進行作業時，請戴上防毒面具並保持通風良好，並戴上丁腈橡膠手套以防止樹脂液與皮膚接觸。

## 關於製作的注意事項

- 使用樹脂液或矽膠溶液時請務必確保於通風的環境中作業。
- 注意不要讓樹脂液或矽膠溶液直接沾附在皮膚上。本書建議作業時穿戴手套和口罩。
- 樹脂液有可能沾附在衣服和家具上，因此在開始作業之前，請務必換穿不介意弄髒的衣服，並在桌子或地板上鋪一層保潔墊。
- 懷孕中或對健康狀態有疑慮的人，請避免長時間作業，適當休息並在可負荷的範圍內進行作業。
- 幼小孩童有可能誤飲或誤吞食樹脂液、細小配件等材料。請將相關材料、配件放置於幼童無法取得之處。
- 已經固化後的樹脂暴露於紫外線或空氣中時，有可能會產生變色。
- 在使用樹脂液或矽膠溶液之前，請務必確認各製造商的注意事項。

## 關於刊載作品

本書中刊載的所有作品以及其製作方法的著作權均歸其各自的作家。可以在有限的範圍內（例如您本人或您的家人）的目的使用及製作，但禁止在未經允許的情況下，展示、出售或是將模仿這些作品的作品發表於 SNS 社群網路服務上。在 SNS 社群網路服務等上發布參考本書製作而成的作品時，請標明本書的書名或原作者姓名等出處。

此外，請恕我們無法回答有關作品中所使用的配件、材料、以及與經銷商相關的問題。

## 禁止行為

- 模仿作品的名稱（主題）或設計，並將其當作自己的原創作品進行展示、出售、發佈在網站或 SNS 社群網路服務上的行為。
- 僅更改作品名稱或設計的一部分，並將其當作自己的原創作品展示、出售、發佈在 SNS 社群網路服務上的行為。
- 使用本書所刊載的製作步驟，作為舉辦講習會或是講座的內容。
- 將本書所刊載的製作方法或是照片轉載於網站或是 SNS 社群網路服務上的行為。

# 魔法少女的房間

Usagi Cafe

*Princessheart Compact*

## 愛心公主 魔法粉盒

一天早上醒來時，我在梳妝台上看到一個從未見過的美麗粉盒正在閃耀著光芒。
接著聽到某處傳來的聲音：「來吧，打開它！裡面映照出的你是什麼樣子的呢？」

製作方法 第10頁

*Princessheart Atomizer*

## 愛心公主 香水噴霧瓶

這瓶香水噴霧瓶，裡面裝著由妖精仙子施法盛開的花朵產生的花蜜。一搖晃它，周圍馬上就會被充滿香氣的面紗所籠罩。

製作方法 第15頁

# 愛心公主 魔法粉盒

*Princessheart Compact*

材料 Materials

- UV 樹脂液
- 樹脂用染色劑（寶石之雫白色、粉紅色 /PADICO）
- 亮粉（粉紅色）
- 雷射亮片（紅色、白色）
- 粉盒鏡

[ 配件 ]

①環形配件
②心形配件
③水鑽爪鍊
④貝殼配件
⑤月形配件
⑥葉形配件 ×4
⑦施華洛世奇水晶淺紫水晶（大）×2
⑧施華洛世奇水晶淺紫水晶（小）
⑨施華洛世奇水晶玫瑰粉紅色（大）×2
⑩施華洛世奇水晶玫瑰粉紅色（小）×4
⑪施華洛世奇水晶印地安粉紅色 ×2
⑫無孔珍珠（大）
⑬無孔珍珠（小）×2
⑭半圓形珍珠（大）×2
⑮半圓形珍珠（小）
⑯半圓形微珠 ×8

用具 Tools

- 石膏底料（打底劑）
- 筆刷
- 調色盤
- 調色棒
- 牙籤
- 底座
- 遮蓋膠帶
- 接著劑（EXCEL EPO/ 施敏打硬）
- UV 燈
- 熱風槍
- 鑷子
- 矽膠墊

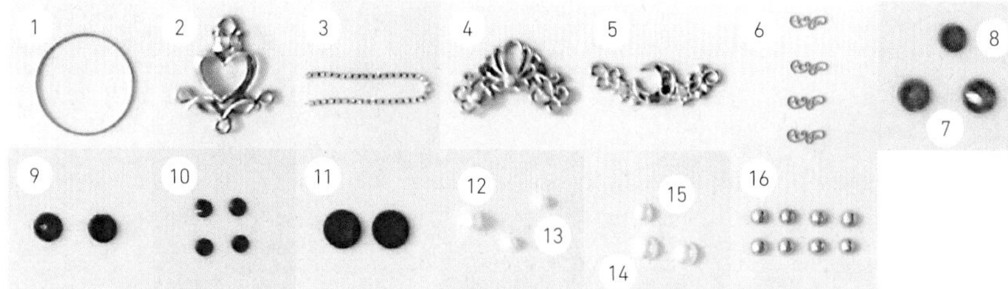

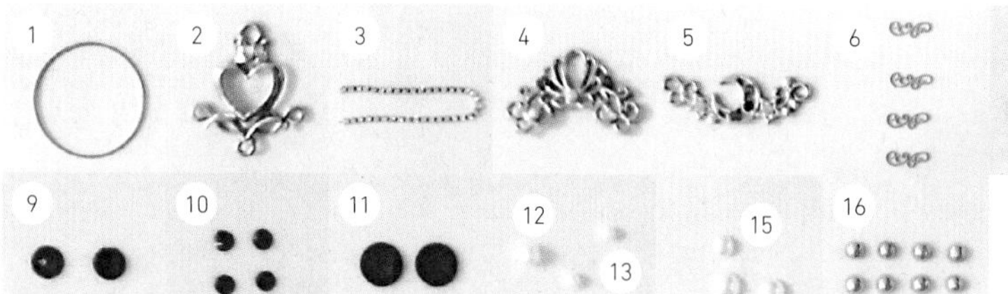


製作方法 How to Make

1

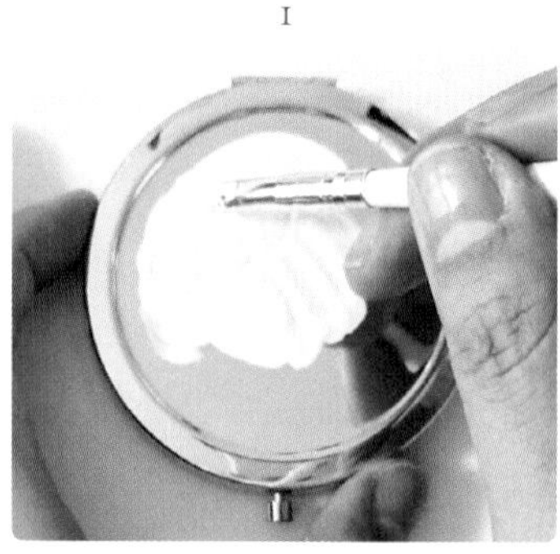

塗上兩層石膏底料（打底劑），確保粉盒鏡本身的顏色不會透出至樹脂外層。※乾燥的時間依使用的產品而異。

2

將樹脂液與染色劑（白色）倒入調色盤。

3

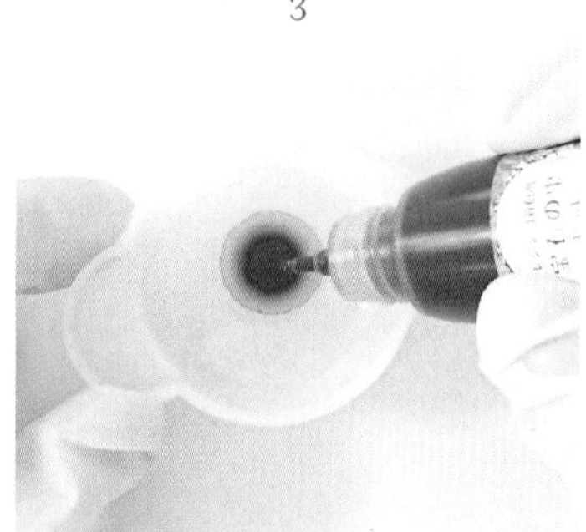

將染色劑（粉紅色）倒入 2。

4

亮粉（粉紅色）倒入 3。

5

充分混合均勻後，用熱風槍加熱消除氣泡。

6

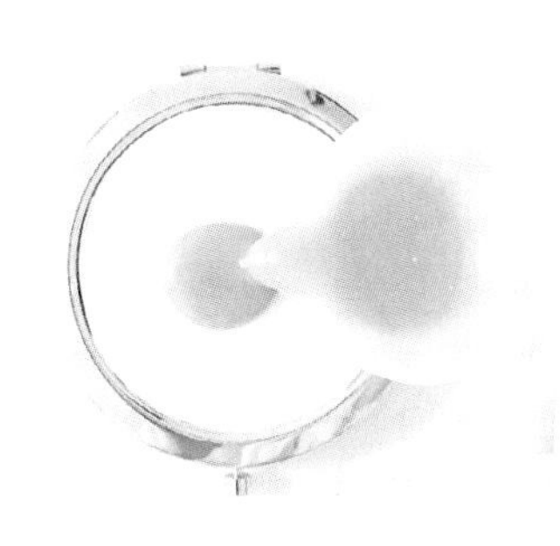

在 1 塗有底漆已經乾燥的部分，倒入 5 的樹脂液。不要全部倒進去，保留少量留在容器裡。

7

用兩手將粉盒拿起來，轉動粉盒，讓樹脂液遍佈整體。

8

邊緣的部分要使用調色棒推抹，小心不要溢出外面。照射 UV 燈使其固化。

9

倒入透明樹脂液。

10

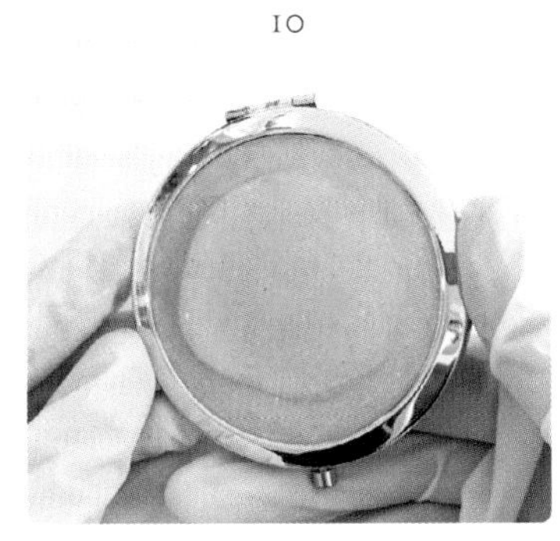

與 7 的步驟相同，用兩手將粉盒拿起來轉動粉盒，讓樹脂液遍佈整體。

11

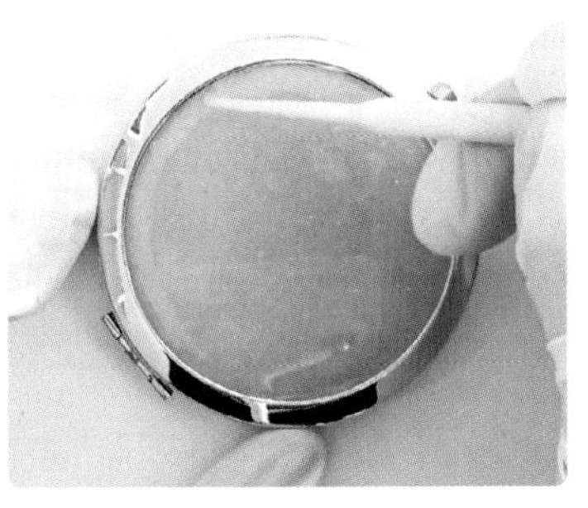

邊緣的部分要使用調色棒推抹，小心不要溢出外面。照射 UV 燈使其固化。

12

在另一個調色盤中倒入樹脂液和染色劑（白色）混合後，用熱風槍加熱消除氣泡。

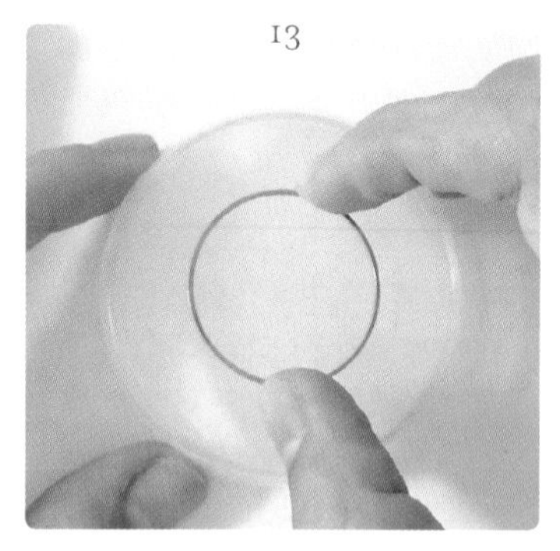

13

接下來要製作粉盒的裝飾部分。在底座鋪一張矽膠墊，再放上環形配件。

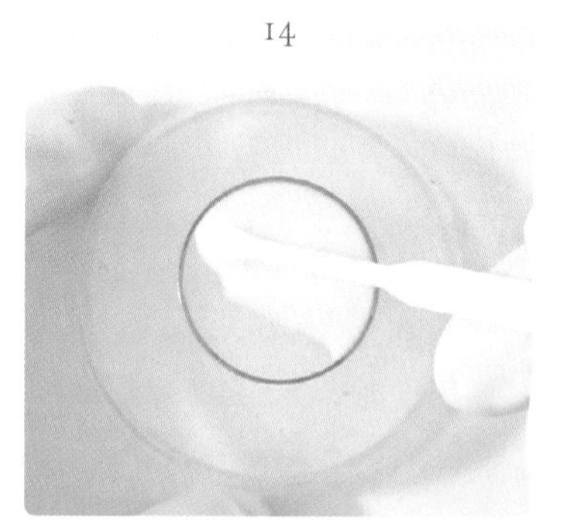

14

將 12 的白色樹脂液倒入環形配件的內側並推展至整體。照射 UV 燈使其固化。

15

在另一個底座上，放置接著面朝上的遮蓋膠帶，再放上心形配件。

16

將 6 保留在容器內的粉紅色樹脂液倒入心形的內側，照射 UV 燈使其固化。

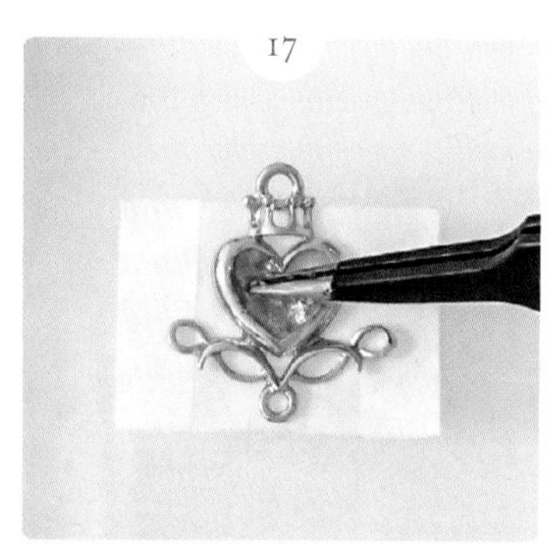

17

倒入透明樹脂液，添加雷射亮片（紅色）。照射 UV 燈使其固化。

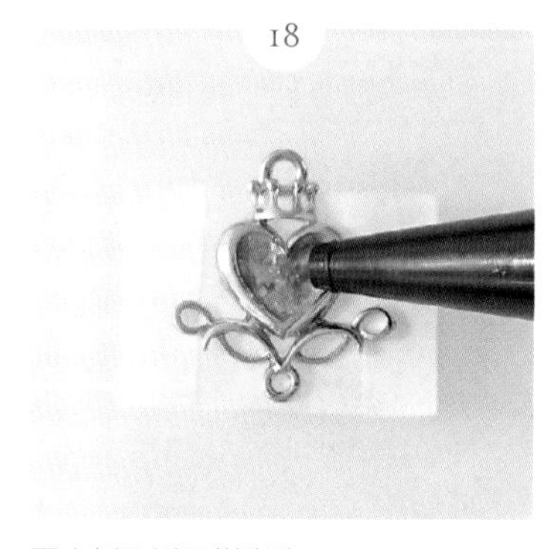

18

再次倒入透明樹脂液。

19

添加雷射亮片（紅色），照射 UV 燈使其固化。固化後再依照「倒入透明樹脂液，照射 UV 燈固化」的步驟進行作業。

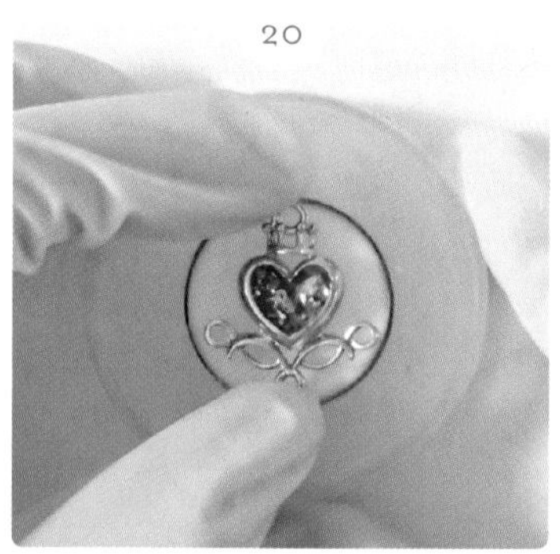

20

將 19 的心形配件自底座撕下後，在背面塗上接著劑，黏貼在 14 的環形配件的中心。

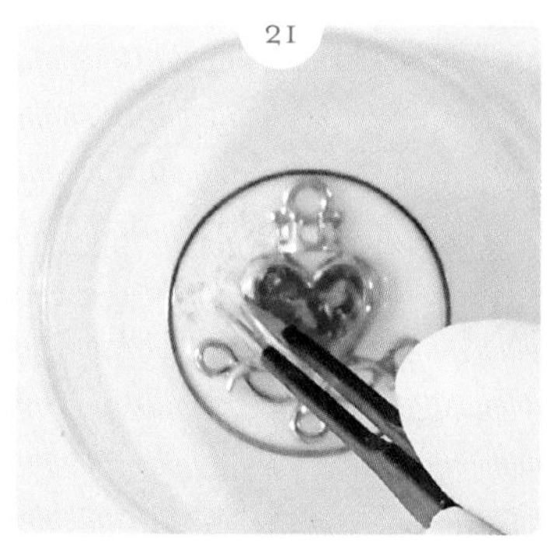

21

接著劑乾燥後，在心形配件的周圍倒入透明樹脂液，添加雷射亮片（白），照射 UV 燈使其固化。

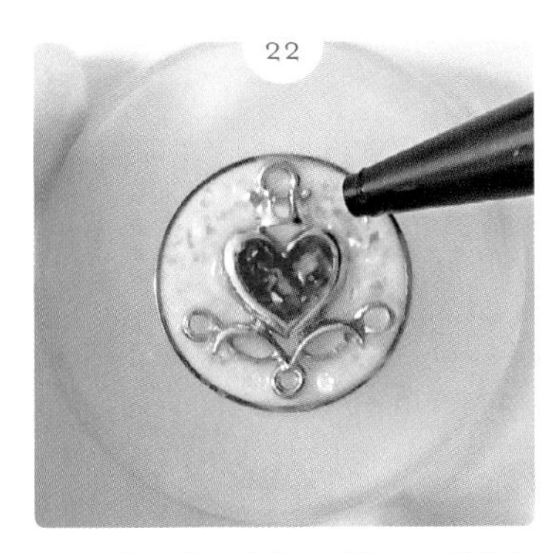
22
再次倒入透明樹脂液，照射 UV 燈使其固化。

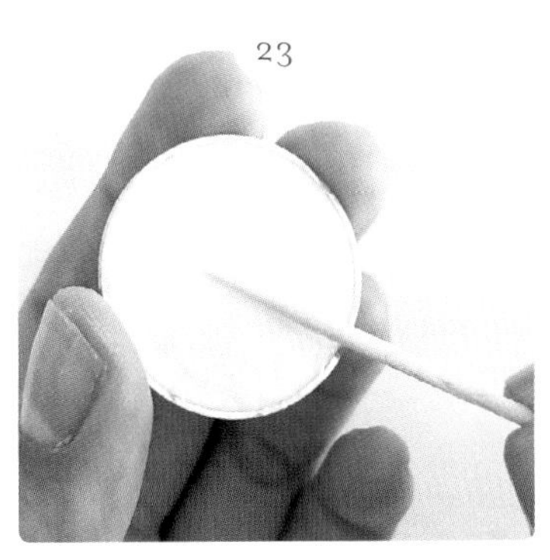
23
背面塗上接著劑。

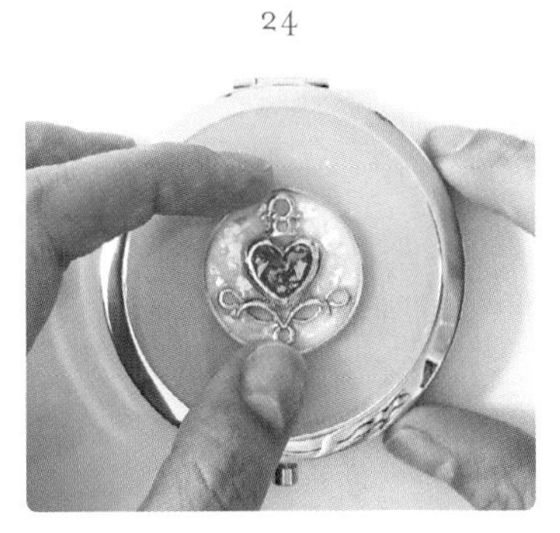
24
安裝在 11 的粉盒鏡的中心。※ 之後的製作過程中，所有配件的黏著固定都是使用接著劑。

25
在環形配件的周圍塗上接著劑，然後圍上水鑽爪鍊。將多餘的部分切除。

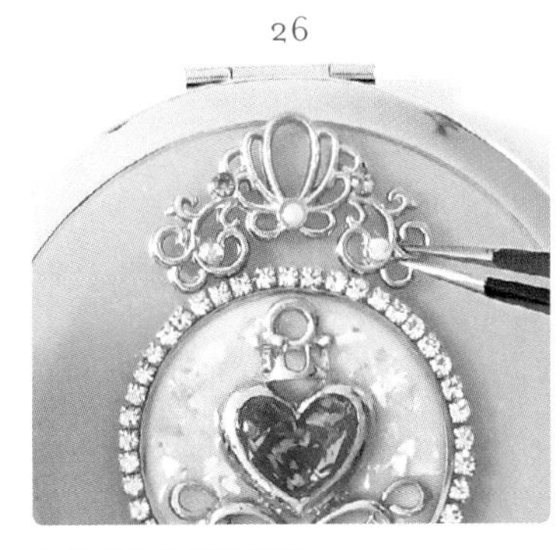
26
在上部安裝貝殼配件。

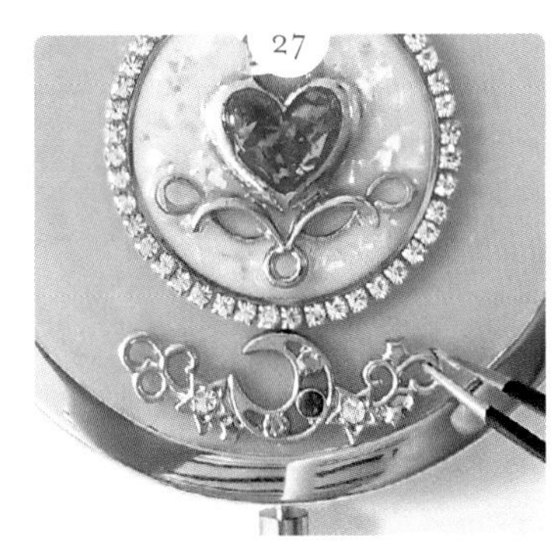
27
在下部安裝月形配件。

28
將中心的圓包圍起來似的方式，安裝 2 個葉形配件。

29
另一側也同樣安裝 2 個葉形配件。

30
裝飾貝殼配件。在貝殼配件上安裝施華洛世奇淺紫色水晶（大）與無孔珍珠（小）各 2 顆。

裝飾月形配件。安裝施華洛世奇玫瑰粉紅色水晶（大）2 顆，與施華洛世奇淺紫色水晶（小）、半圓形珍珠（小）各 1 顆。

在葉形配件的中心，安裝施華洛世奇玫瑰粉紅色水晶（小）各 1 顆。

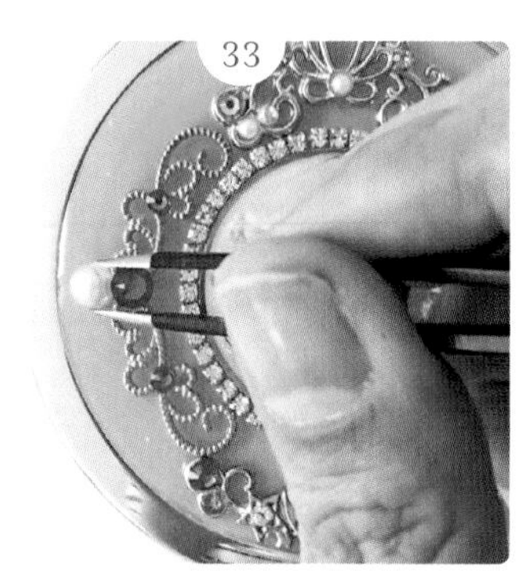


在 2 個葉形配件的中間，安裝施華洛世奇印地安粉紅色水晶與半圓形珍珠（大）各 1 顆。

以保持左右對稱的方式，在另一側也依 32~33 的步驟將配件安裝上去。

在貝殼配件的右側安裝 2 顆半圓形微珠。

以保持左右對稱的方式，在左側也安裝 2 顆半圓形微珠。

以與 35 保持上下對稱的方式，在月形配件的右上安裝 2 顆半圓形微珠。

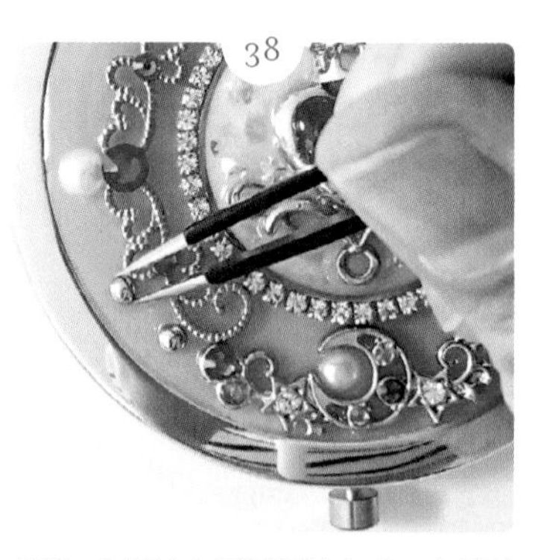


以與 36 保持上下對稱的方式，在月形配件的左上安裝 2 顆半圓形微珠。

最後將無孔珍珠（大）安裝在心形配件的上部就完成了。

# 愛心公主 香水噴霧瓶

*Princessheart Atomizer*

材料 Materials

- UV 樹脂液
- 香水噴霧瓶

[ 配件 ]
①半圓形微珠 ×3
②半圓形珍珠（大）
③半圓形珍珠（小）×2
④無孔珍珠
⑤裝飾 A 圈
⑥施華洛世奇水晶（心形・大）
⑦施華洛世奇水晶（心形・小）
⑧施華洛世奇水晶淺玫瑰色
⑨間隔珠
⑩閃亮金屬配件 ×3
⑪寶石底座
⑫連接配件
⑬皇冠配件（大）
⑭皇冠配件（中）
⑮皇冠配件（小）
⑯月形配件
⑰翅膀配件
⑱緞帶配件
⑲向日葵配件
⑳附底座寶石
㉑扭轉環形配件

用具 Tools

- 牙籤
- 遮蓋膠帶
- 接著劑（SUPER-XG / 施敏打硬）
- UV 燈
- 鑷子
- 比使用的噴霧瓶稍微細一點的棒子
- 斜口鉗
- 銼刀
- 剪刀
- 筆刷
- 矽膠墊
- 底座

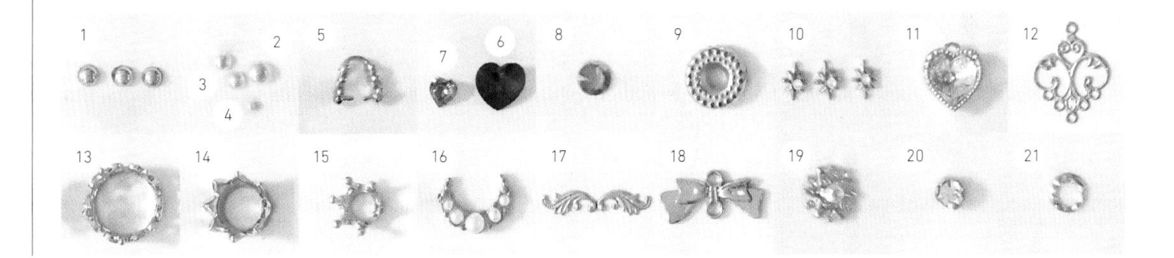

事前準備 Preparation

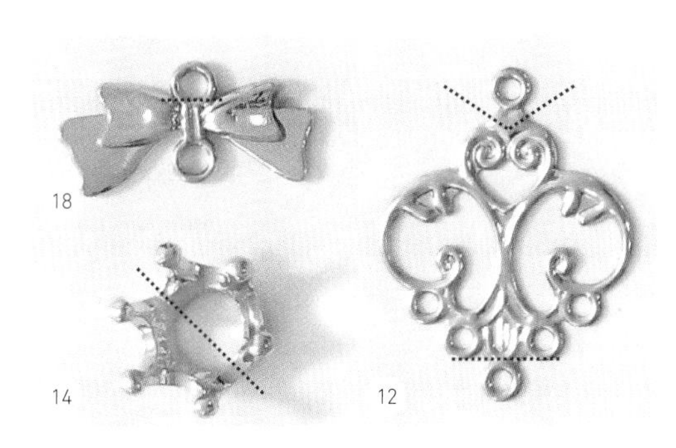

用斜口鉗剪掉紅色虛線部分，再以銼刀整平切斷面。

1

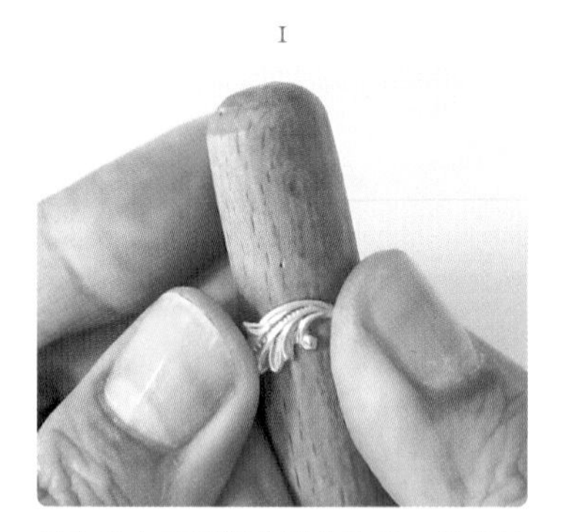

製作香水噴霧瓶的裝飾配件。沿著比香水噴霧瓶稍微細一點的棒狀物，將翅膀配件折彎。

2

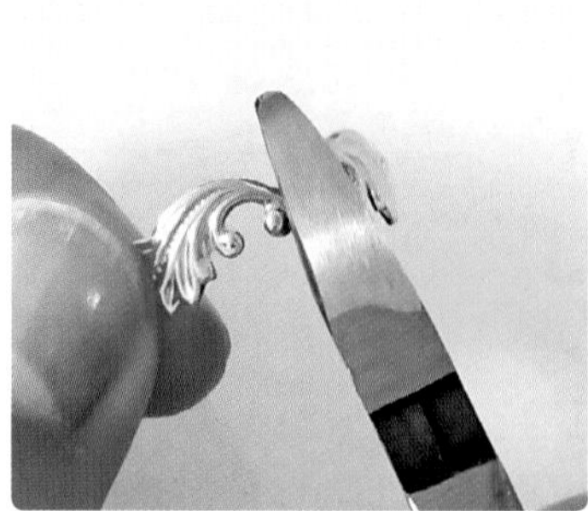

用斜口鉗對半剪裁。

3

連接配件也同樣的折彎。然後將配件試著放在香水噴霧瓶上，如果有浮起騰空的地方，再將該處折彎調整。

4

將 3 的連接配件用接著劑安裝在香水噴霧瓶的蓋子側面。※之後的製作過程中，所有配件的黏著固定都是使用接著劑。

5

將安裝在寶石底座上的施華洛世奇水晶（心形・小）、緞帶配件以及在事前準備裁切成一半的皇冠配件（小）安裝在照片上的位置。

6

將 2 的翅膀配件安裝在施華洛世奇水晶（心形・小）的右上方。另一側也左右對稱地安裝上去。

7

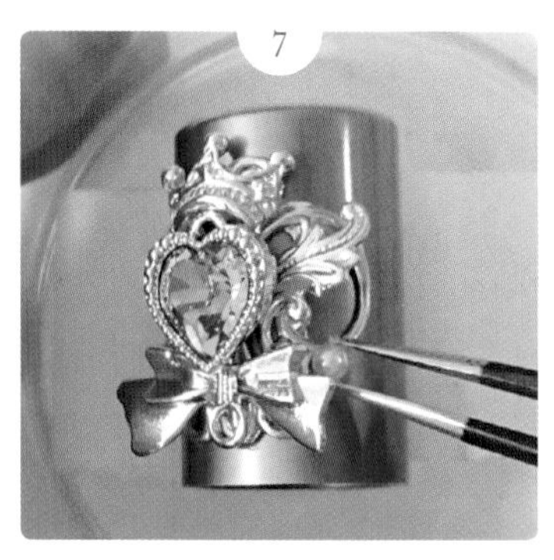

將半圓形珍珠（小）安裝在緞帶配件的右上方。另一側也左右對稱地安裝上去。

8

將閃亮金屬配件安裝在半圓形珍珠的右上方。另一側也左右對稱地安裝上去。

9

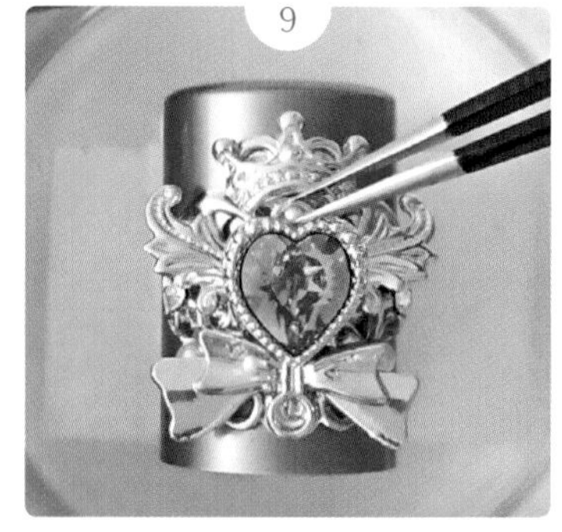

將無孔珍珠安裝在寶石底座上方的孔洞。

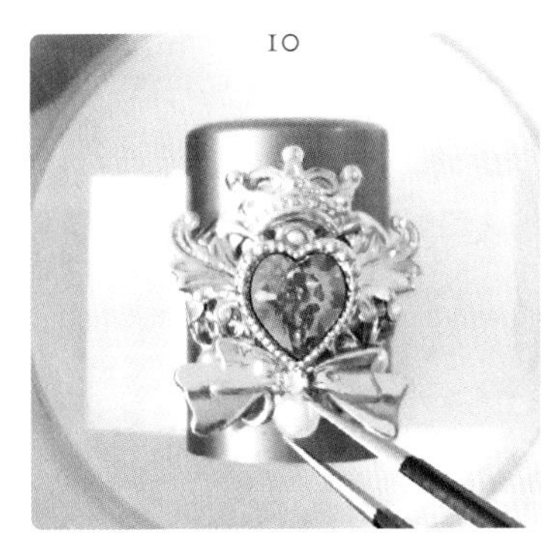

在緞帶配件的上方安裝附底座寶石，下方安裝半圓形珍珠（大）。

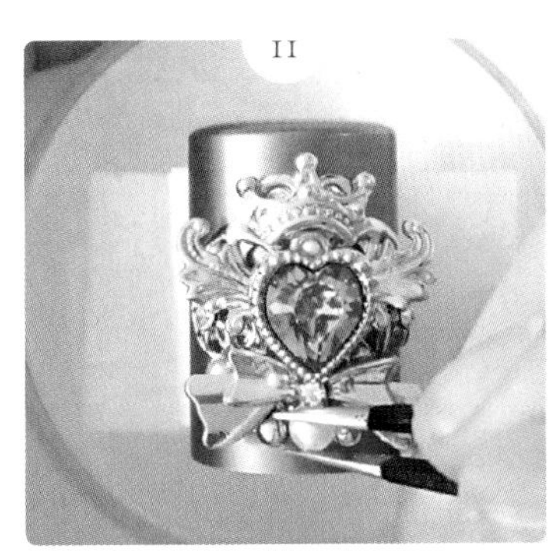

在 10 安裝上去的珍珠兩側安裝半圓形微珠。香水噴霧瓶蓋子側面的裝飾就完成了。

接下來要進行香水噴霧瓶本體側面的裝飾。如同照片所示，由上而下等間隔地將向日葵配件、半圓形微珠、扭轉環形配件安裝上去。

將施華洛世奇水晶淺玫瑰色安裝在最下方的扭轉環形配件的上方。本體側面的裝飾也完成了。

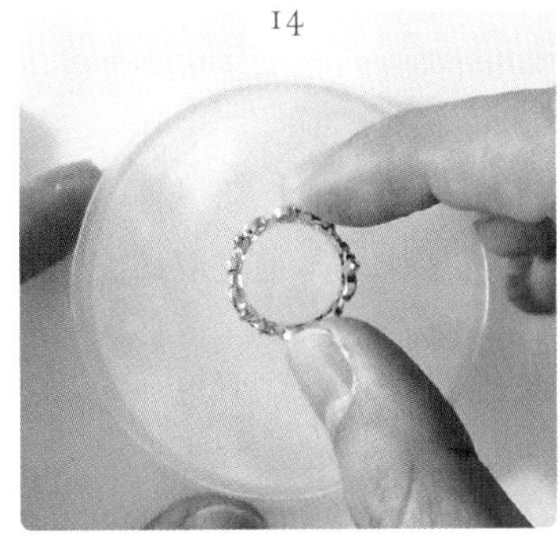

接下來要製作香水噴霧瓶蓋子上部的裝飾。首先要將皇冠配件（大）放在矽膠墊上。

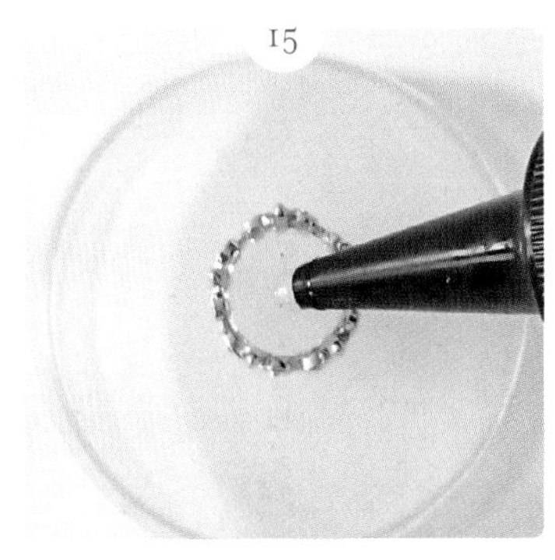

在皇冠配件（大）的內側倒入樹脂液。倒至就快要滿溢出來的極限高度。照射 UV 燈使其固化。

在皇冠配件（大）內側的中心將皇冠配件（中）以接著劑安裝上去。

在皇冠配件（中）的內側倒入樹脂液。倒至就快要滿溢出來的極限高度。照射 UV 燈使其固化。

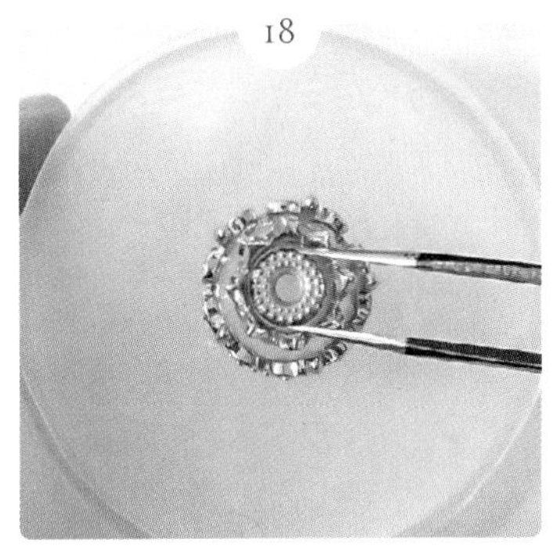

在皇冠配件（中）的內側安裝間隔珠。

19

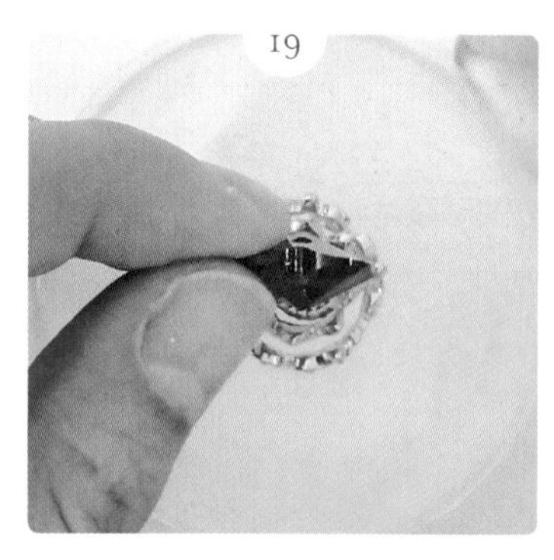

在間隔珠裝上施華洛世奇水晶（心形·大）。因為容易傾倒的關係，所以要用手按住，直到接著劑乾燥為止。

20

為了進一步提升強度，接著劑乾燥後，塗上樹脂液，照射 UV 燈使其固化。

21

將 20 安裝在 11 的蓋子上方。調整位置，使施華洛世奇水晶（心形·大）朝向正面。

22

在相當於皇冠配件的正面部分，將月形配件安裝上去。

23

在月形配件的上部，將閃亮金屬配件安裝上去。

24

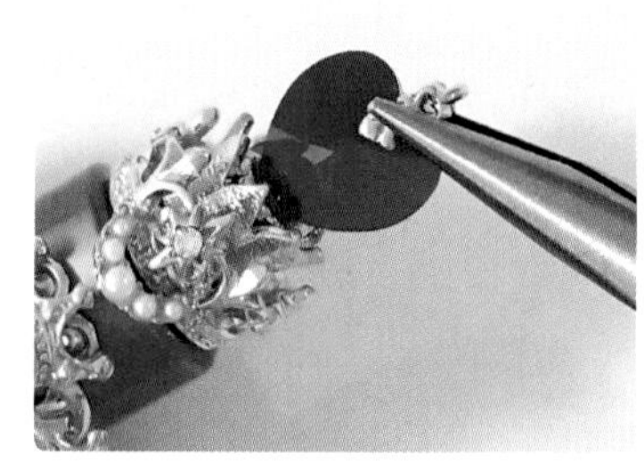

將 A 圈安裝在施華洛世奇水晶（心形·大）的孔洞，這樣就完成了。

作家的建議 Creator's Comment

可以將裝飾配件安裝在裝飾 A 圈上，或是將鏈子安裝上去等等，設計可以有很多種不同類型的應用變化。
搭配香水噴霧瓶的顏色，選用不同的施華洛世奇水晶顏色，呈現出各種不同的色彩變化也很有意思。

Usagi Cafe

Red Talisman

## 護符（紅色）

這是 5 種護符（護身符）的其中一種。每種護符都有其各自的涵意，盒上停了一隻蝴蝶的紅色護符代表了「希望」的涵意。

製作方法 第20頁

# 護符（紅色）

*Red Talisman*

## 材料 Materials

- UV 樹脂液
- 樹脂用染色劑（寶石之雫紅色 /PADICO）
- 保護液
- 玻璃碎石（紅色）
- 雷射亮片（紅色）
- 亮粉（紅色）
- 金屬藥盒

[ 配件 ]

①施華洛世奇水晶
②半圓形珍珠 ×2
③半圓形微珠 ×4
④蝴蝶配件
⑤皇冠裝飾配件
⑥翅膀配件
⑦星形金屬配件
⑧閃亮金屬配件
⑨圓凸面寶石用空托
⑩○圈
⑪三角圈
⑫扭轉環形配件 ×2

## 用具 Tools

- 石膏底料（打底劑）
- 筆刷
- 調色盤
- 調色棒
- 牙籤
- 接著劑（EXCEL EPO/ 施敏打硬）
- UV 燈
- 熱風槍
- 鑷子
- 矽膠模具
- 斜口鉗
- 平口鉗
- 銼刀

## 事前準備 Preparation

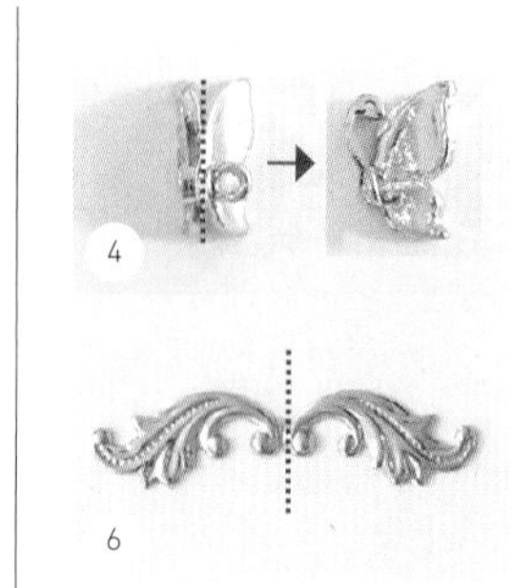


用斜口鉗剪掉紅色虛線部分，再以銼刀整平切斷面。

## 製作方法 How to Make

1

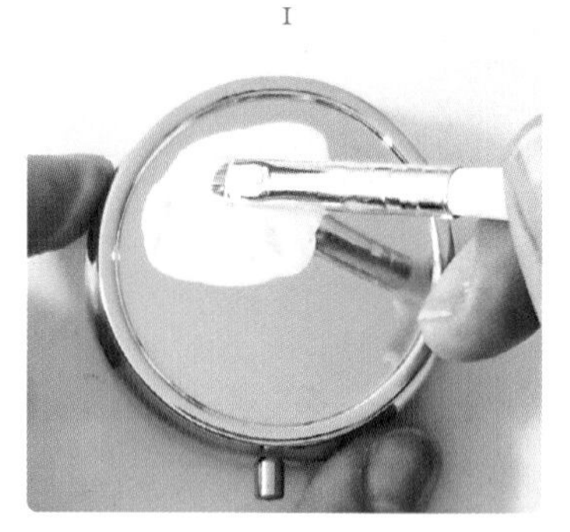

將金屬藥盒預先塗上石膏底料（打底劑）。為了要確保完成後的外觀平整，這裡要塗上兩層石膏底料。

2

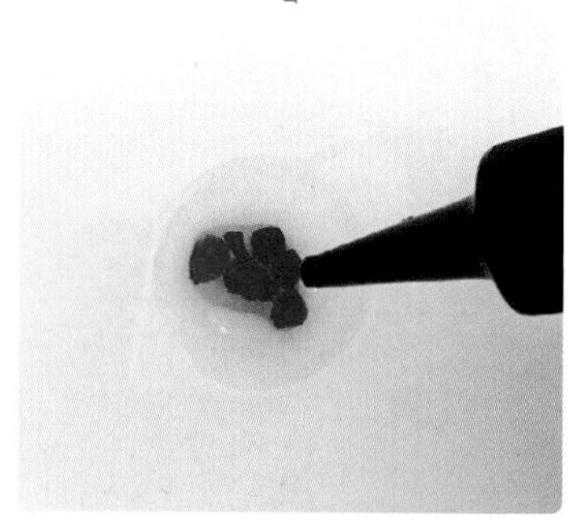

一開始要先以樹脂製作紅色圓凸面寶石。將樹脂液倒入調色盤，然後放入玻璃碎石（紅色）浸泡在樹脂液中。

3

將少許樹脂液倒入模具，然後用熱風槍加熱消除氣泡。

4

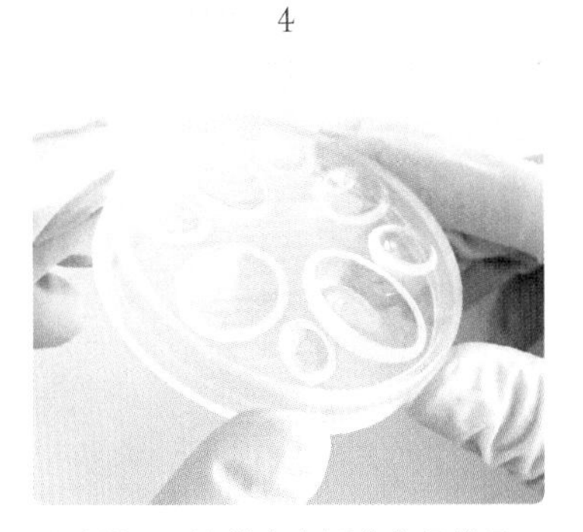

轉動模具，讓樹脂液遍佈整個模具。照射 UV 燈使其固化。

5

再次倒入少許樹脂液。

6

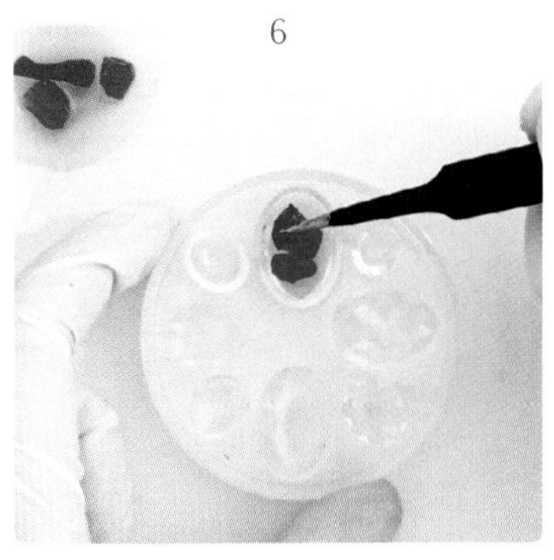

將 2 的玻璃碎石塞滿整個模具不留間隙。請注意不要溢出模具。照射 UV 燈使其固化。

7

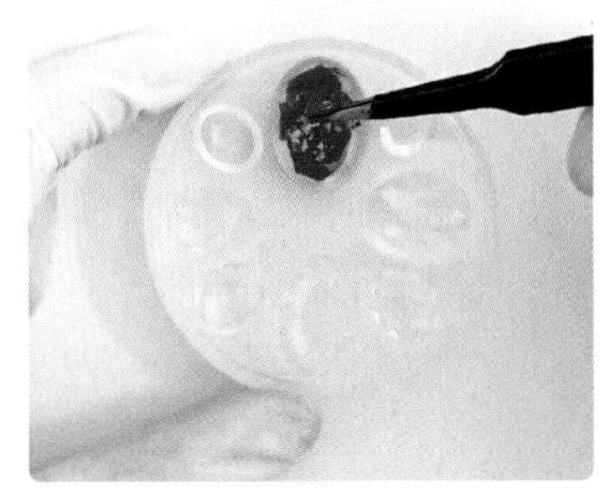

再次倒入樹脂液至填滿整個模具，然後塞入雷射亮片（紅色）至沒有間隙為止。

8

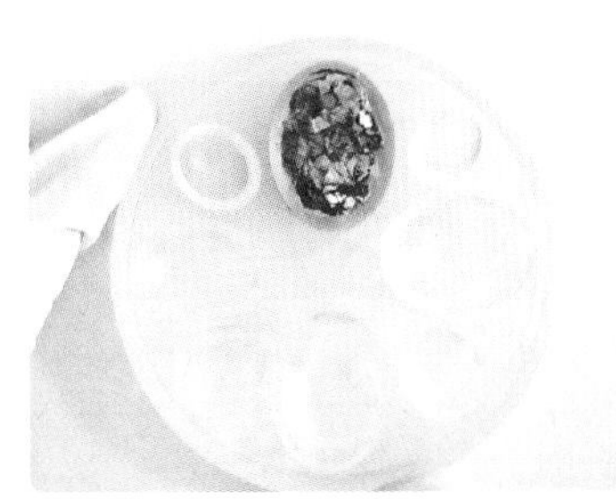

雷射亮片（紅色）塞滿整個間隙的狀態。接下來照射 UV 燈使其固化。

9

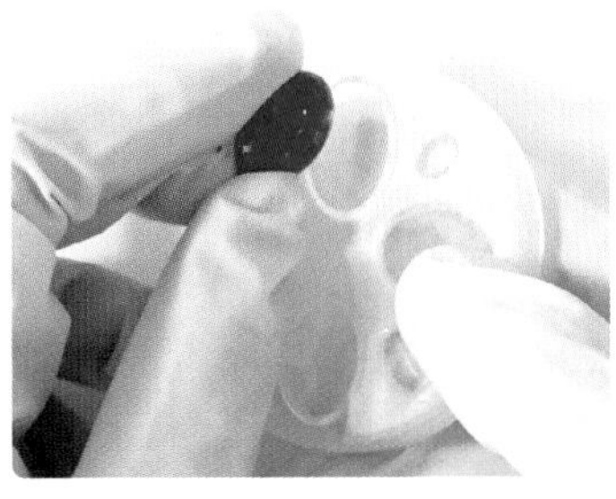

樹脂液固化後，待模具溫度冷卻，取出成品。紅色圓凸面寶石完成了。

10

在背面塗上接著劑，安裝至圓凸面寶石用的空托上。樹脂部分要塗上保護液，照射 UV 燈使其固化。

11

圓凸面寶石用空托的圈環部分要用斜口鉗剪斷，再以銼刀整平表面。

12

在調色盤加入樹脂液和染色劑，並充分攪拌混合。

13

添加亮粉（紅色），進一步攪拌混合後，用熱風槍加熱消除氣泡。

14

在 1 金屬藥盒塗有底漆的部分，倒入 13 的樹脂液。用兩手將金屬藥盒拿起來轉動，讓樹脂液遍佈整體。

15

邊緣的部分要使用調色棒推抹，小心不要溢出外面。照射 UV 燈使其固化。

16

進一步將 13 樹脂液倒入後，使其遍佈整體。邊緣的部分要使用調色棒推抹，小心不要溢出外面。

17

將雷射亮片（紅色）分散撒在整個表面。因為中心部分稍後要安裝圓凸面寶石，所以可以不用撒上雷射亮片。照射 UV 燈使其固化。

18

倒入透明樹脂液，使其遍佈整體。邊緣的部分要使用調色棒推抹，小心不要溢出外面。照射 UV 燈使其固化。

19

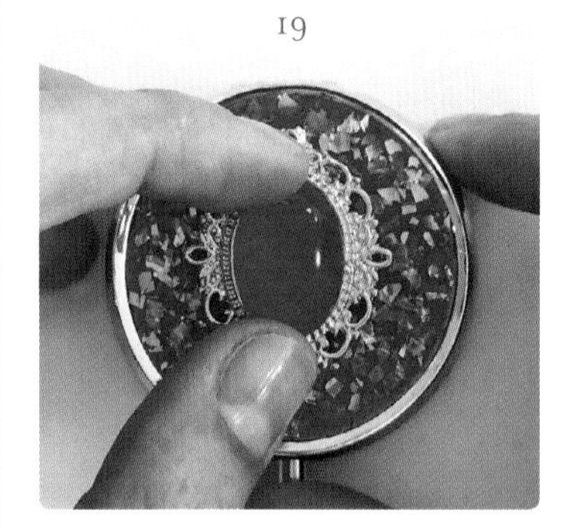

在 11 的背面塗抹接著劑，安裝至金屬藥盒的中心。※之後的製作過程中，所有配件的黏著固定都是使用接著劑。

20

在圓凸面寶石的下方，將事前準備時切成一半的翅膀配件，以保持左右對稱的方式安裝上去。

21

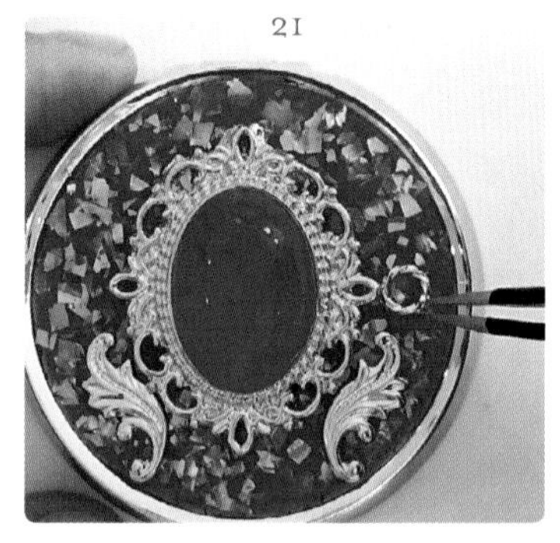

在圓凸面寶石右側安裝扭轉環形配件。

22

將半圓形珍珠安裝在扭轉環形配件之上。以保持左右對稱的方式，在左側也安裝上扭轉環形配件和半圓形珍珠。

23

在左上安裝蝴蝶配件。

24

在圓凸面寶石的正下方安裝星形金屬配件。

25

在星形金屬配件的左右，安裝各 2 顆半圓形微珠。

26

將閃亮金屬配件安裝在圓凸面寶石的右上方。

27

將皇冠配件安裝在圓凸面寶石的正上方。

28

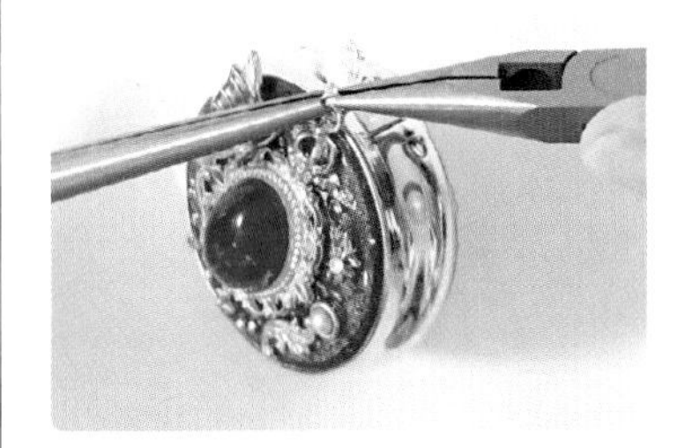

將裝著三角圈的施華洛世奇水晶以○圈安裝在皇冠配件上，這樣就完成了。

作家的建議 Creator's Comment

- 如果將玻璃碎石直接放入樹脂液的話，會產生較大的氣泡，要像步驟 2 那樣，使用預先浸泡在樹脂液中的玫璃碎石。
- 步驟 12 若添加樹脂液的染色劑分量過多的話，會造成固化不良，請多加注意。
- 步驟 23 的作業重點在於將蝴蝶以彷彿停靠在圓凸面寶石上休息般的角度進行安裝。

Usagi Cafe

*Pink Talisman*

## 護符（粉紅色）

妖精仙子停靠在上面的粉紅色護符的涵意是「女神」。妖精仙子們施法讓花朵綻放，吸引了蝴蝶飛舞前來採蜜。

製作方法 第25頁

# 護符（粉紅色）

*Pink Talisman*

材料 Materials

- UV 樹脂液
- 樹脂用染色劑（寶石之雫白色、粉紅色 /PADICO）
- 玻璃碎石（粉紅色）
- 雷射亮片（粉紅色）
- 花朵貼片（使用美甲貼片）
- 金屬藥盒

[ 配件 ]

①圓凸面寶石用空托
②皇冠配件
③緞帶配件
④葉形配件 ×2
⑤扭轉環形配件（A）×2
⑥扭轉環形配件（B）
⑦半圓形珍珠 X 2
⑧無孔珍珠 ×4
⑨閃亮金屬配件
⑩施華洛世奇水晶玫瑰粉紅色（大）
⑪施華洛世奇水晶玫瑰粉紅色（小）×2
⑫施華洛世奇水晶淺玫瑰色 ×2
⑬施華洛世奇水晶印地安粉紅色
⑭施華洛世奇水晶（蝴蝶）
⑮妖精仙子配件
⑯ T 針
⑰○圈

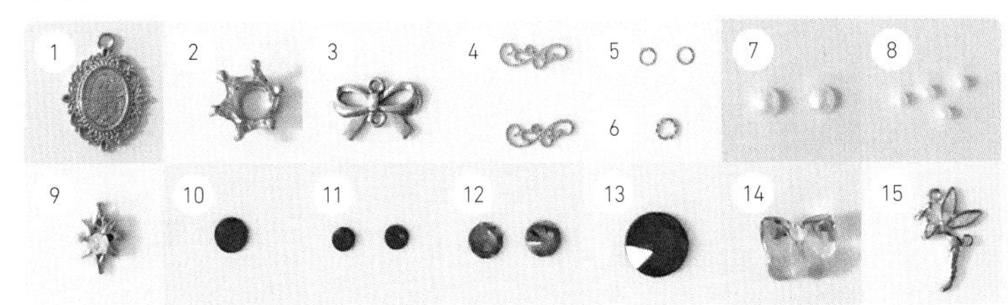


用具 Tools

- 石膏底料（打底劑）
- 筆刷
- 調色盤
- 調色棒
- 牙籤
- 接著劑（EXCEL EPO/ 施敏打硬）
- UV 燈
- 熱風槍
- 鑷子
- 矽膠模具
- 斜口鉗
- 平口鉗
- 銼刀

事前準備 Preparation

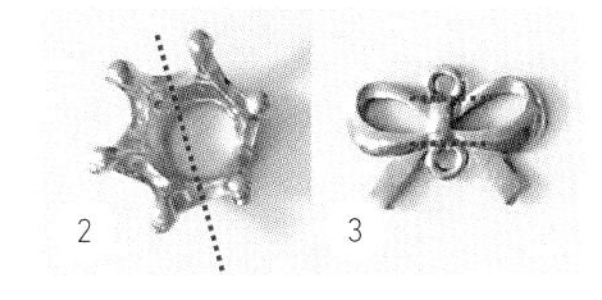


用斜口鉗剪掉紅色虛線部分，再以銼刀整平切斷面。

製作方法 How to Make

1

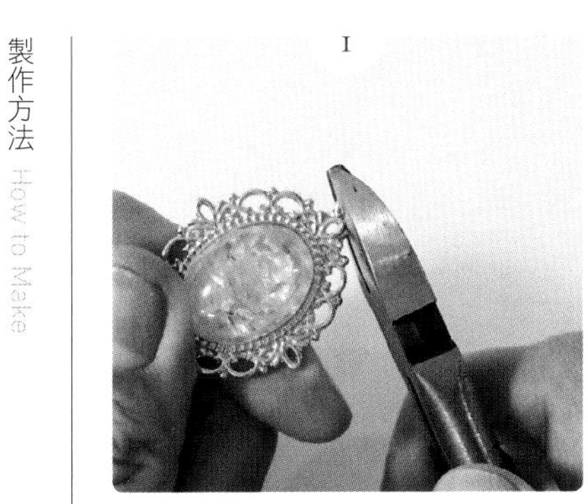

參考第 20~21 頁的步驟 2~9，製作圓凸面寶石。玻璃碎石、雷射亮片都是選用粉紅色。接著固定在圓凸面寶石用空托上，然後剪斷環圈，以銼刀整平。

2

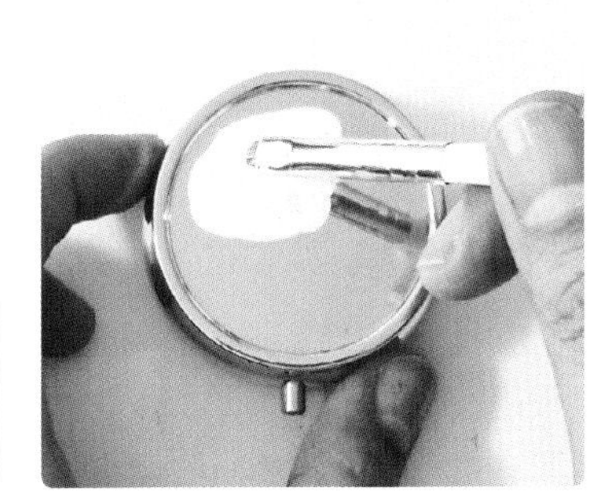

在金屬藥盒預先塗上石膏底料（打底劑）。為了要確保完成後的外觀平整，這裡要塗上兩層石膏底料。

3

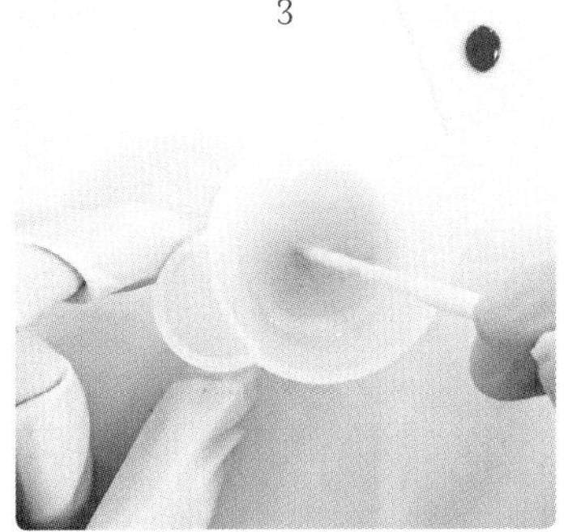

在調色盤少量加入樹脂液和染色劑（白色．粉紅色）混合在一起，然後再用熱風槍加熱消除氣泡。

在 2 的金屬藥盒塗有石膏底料的部分倒入 3 的樹脂液，使其遍佈整體。邊緣的部分要使用調色棒推抹，小心不要溢出外面。

照射 UV 燈使其固化。固化後，重複 4 的步驟。

沿著金屬藥盒邊緣保持良好的均衡感放上花朵貼片。

倒入透明樹脂液使其遍佈整體。邊緣的部分要使用調色棒推抹，小心不要溢出外面，照射 UV 燈使其固化。

在 1 的背面塗上接著劑，安裝在金屬藥盒的中心。※ 之後的製作過程中，所有配件的黏著固定都是使用接著劑。

將葉形配件以保持左右對稱的方式安裝在圓凸面寶石的下方。

將事前準備時裁切成一半的皇冠配件安裝到圓凸面寶石的正上方。

在圓凸面寶石的正下方安裝緞帶配件。

在圓凸面寶石的右側安裝扭轉環形配件（A）。

13

在扭轉環形配件的上面安裝半圓形珍珠。以保持左右對稱的方式，在左側也安裝上扭轉環形配件和半圓形珍珠。

14

裝飾葉形配件。以保持左右對稱的方式，安裝施華洛世奇水晶玫瑰粉紅色（小）各 1 顆、無孔珍珠各 2 顆。

15

將閃亮金屬配件安裝在圓凸面寶石的左上方。

16

在右上方安裝妖精仙子配件。重點是安裝的角度要能呈現出妖精仙子正停靠在圓凸面寶石上的感覺。

17

將扭轉環形配件（B）安裝在緞帶配件的正下方。

18

在扭轉環形配件（B）的上方，安裝施華洛世奇水晶印地安粉紅色。

19

在妖精仙子配件的環圈上安裝施華洛世奇水晶玫瑰粉紅色（大）。

20

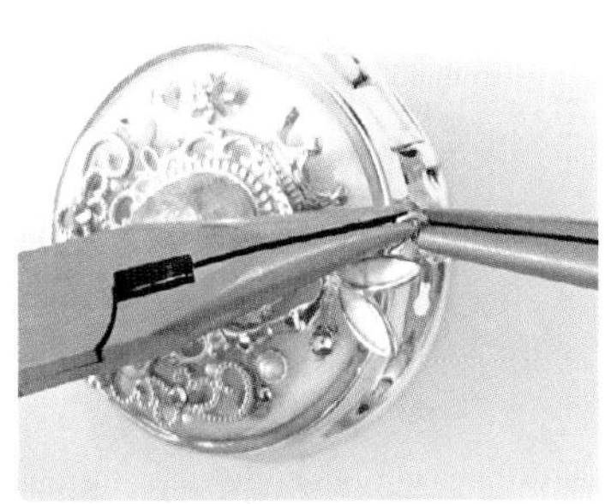

在妖精仙子配件的環圈安裝一個〇圈。然後將裝有 T 針的施華洛世奇水晶（蝴蝶）安裝在這裡就完成了。

Usagi Cafe

*Wish Star Glassdome*

## 玻璃罩裡的 Wish 星

這是由 5 位守護者（護符）的強烈意念而具現成形的魔法道具。當星星閃耀出 5 色光輝時，奇跡就會發生。

製作方法 第29頁

# 玻璃罩裡的 Wish 星

*Wish Star Glassdome*

材料 Materials

- UV 樹脂液
- 樹脂用染色劑（寶石之雫白色、粉紅色 /PADICO）
- 保護液
- 亮粉（Jewel Hexagon Viola /Resin 道）
- 特效粉（Stream Effect Serenity Pink /Resin 道）
- 金屬藥盒

[ 配件 ]
①空托 ×2
②花的配件
③皇冠配件
④間隔珠
⑤施華洛世奇水晶（星形）
⑥施華洛世奇水晶 紅色（大）
⑦施華洛世奇水晶 淺藍色、橙色、藍色、粉紅色（小）
⑧施華洛世奇水晶（心形）
⑨寶石底座（心形）
⑩水鑽爪鍊
⑪閃亮配件（A）×2
⑫閃亮配件（B）
⑬裝飾 A 圈
⑭玻璃罩
⑮扭轉環形配件（大）
⑯扭轉環形配件（小）×4
⑰翅膀配件
⑱半圓形微珠 ×3
⑲蝴蝶配件
⑳無孔珍珠
㉑緞帶配件

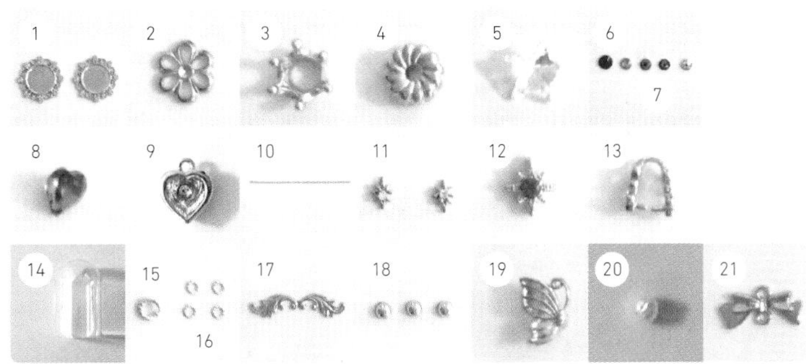


用具 Tools

- 石膏底料（打底劑）
- 筆刷
- 調色盤
- 調色棒
- 牙籤
- 接著劑（EXCEL EPO/ 施敏打硬）
- UV 燈
- 熱風槍
- 鑷子
- 矽膠模具
- 底座
- 斜口鉗
- 銼刀
- 水鑽沾筆 Magical Pick

事前準備 Preparation

用斜口鉗剪掉紅色虛線部分（蝴蝶配件則是照片上的部分），再以銼刀整平切斷面。

製作方法 How to Make

1

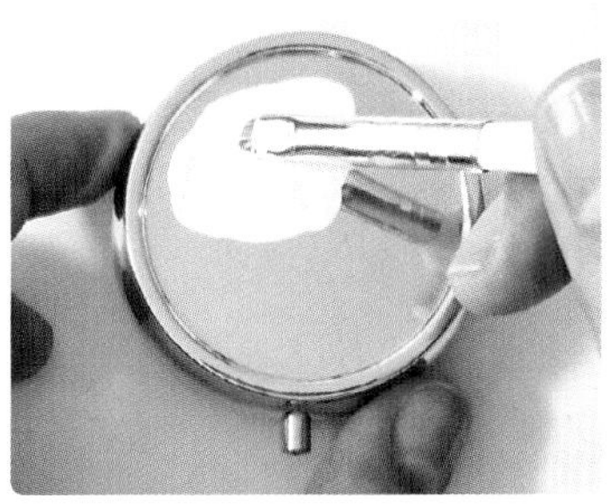

在金屬藥盒預先塗上石膏底料（打底劑）。為了要確保完成後的外觀平整，這裡要塗上兩層石膏底料。

2

在調色盤少量加入樹脂液和染色劑（白色與少量粉紅色），混合在一起，然後再用熱風槍加熱消除氣泡。

3

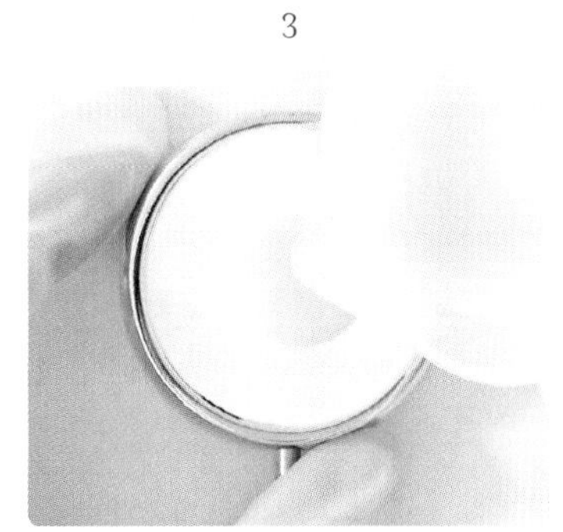

在 1 塗有底漆已經乾燥的部分倒入樹脂液。不要全部倒進去，保留少量留在容器裡。

4

用兩手將金屬藥盒拿起來轉動，讓樹脂液遍佈整體。邊緣的部分要使用調色棒推抹，小心不要溢出外面。

5

整體撒上亮粉，照射 UV 燈使其固化。

6

倒入透明樹脂液。與 4 的步驟相同，讓樹脂液遍佈整體，照射 UV 燈使其固化。

7

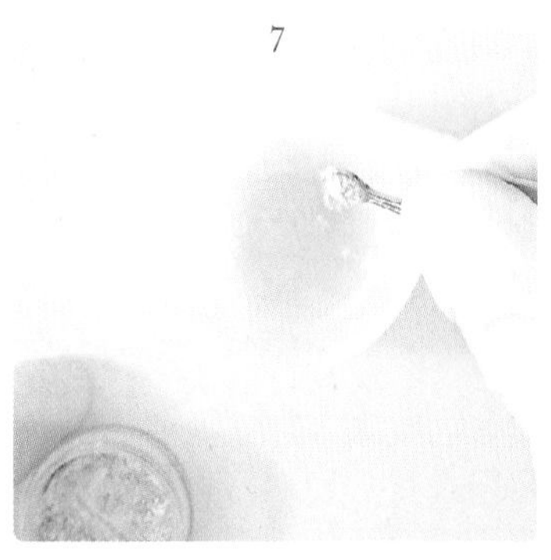

將特效粉加入 3 剩下來的樹脂液攪拌混合後，用熱風槍加熱消除氣泡。

8

倒入模具，照射 UV 燈使其固化，待冷卻後取出。

9

用接著劑將 2 塊空托重疊黏貼在一起。
※ 之後的製作過程中，所有配件的黏著固定都是使用接著劑。

10

將 8 的樹脂配件安裝上去。

11

將花的配件安裝在中心位置。

12

將皇冠配件安裝在花的配件上方。

13

將間隔珠安裝在皇冠配件的中間。

14

將施華洛世奇水晶（星形）安裝在間隔珠的上方。

15

將水鑽爪鍊圍繞在皇冠配件的周圍。

16

將閃亮配件（B）安裝在皇冠配件的側面中央。

17

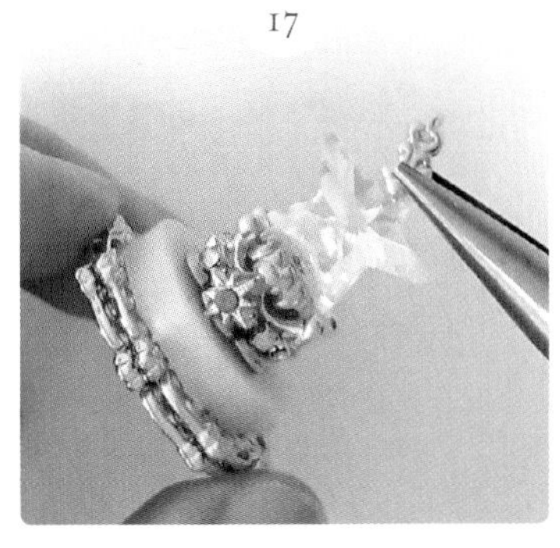

將裝飾 A 圈安裝在施華洛世奇水晶（星形）上。

18

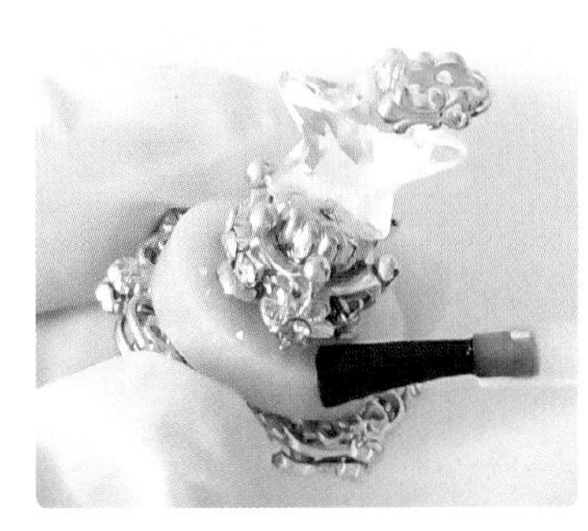

在整個樹脂配件塗上保護液，照射 UV 燈使其固化。

19

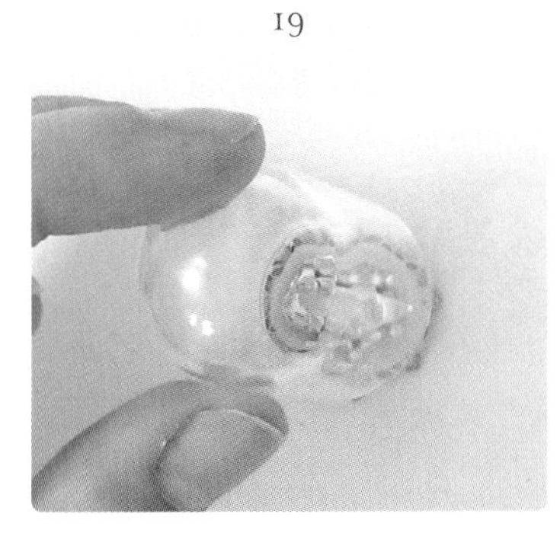

將玻璃罩安裝上去。

20

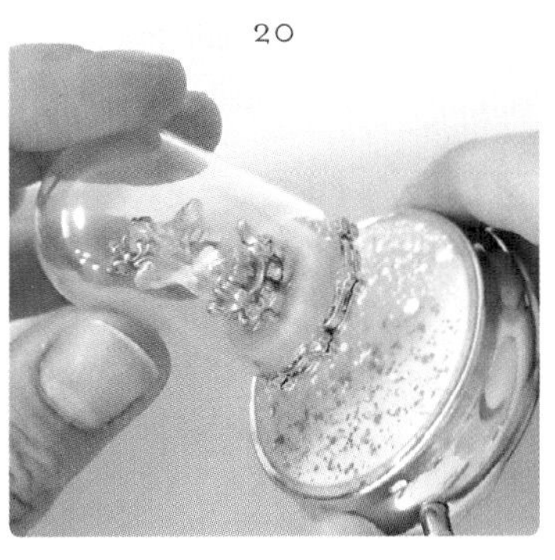

安裝至 6 的金屬藥盒上。配置的位置不是在中央而是稍微偏裡側的地方。

21

在玻璃罩前方安裝扭轉環形配件（大）。

22
將施華洛世奇水晶紅（大）安裝在扭轉環形配件（大）的上方。

23
在施華洛世奇水晶紅（大）的左右各安裝 2 個扭轉環形配件（小），並在其上方安裝施華洛世奇水晶（小）。

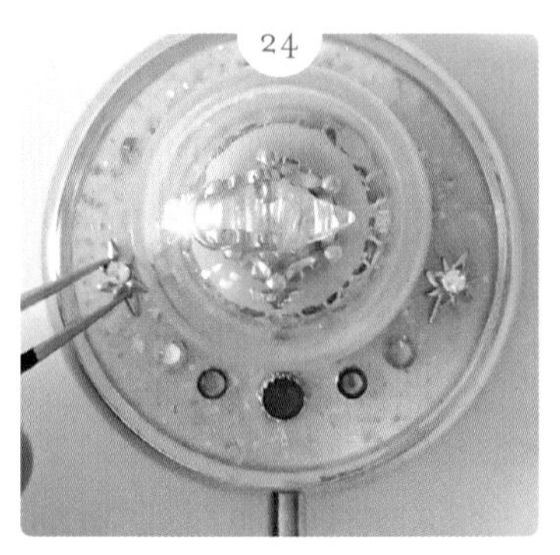
24
將閃亮配件（A）安裝在左右兩側。

25
在施華洛世奇水晶（小）的下方，左右對稱地安裝翅膀配件。

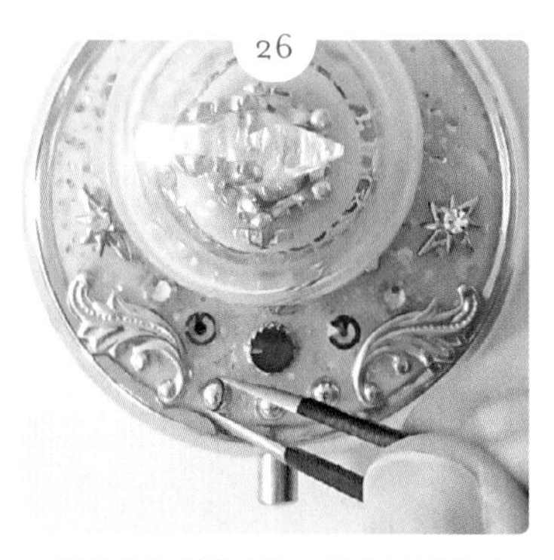
26
在翅膀配件之間安裝 3 顆半圓形微珠。

27
將蝴蝶配件安裝在玻璃罩上。

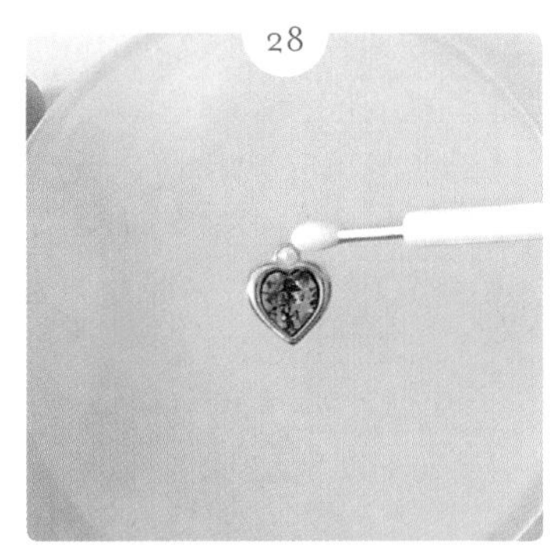
28
將施華洛世奇水晶（心形）接著固定在寶石底座（心形）上，再將無孔珍珠安裝在上部。

29
在金屬藥盒蓋子側面的中央安裝 28。

30
將緞帶配件安裝在左右，這樣就完成了。

Sakurarium

Cherry
Blossoms
Small lamp

## 迷你櫻花檯燈

只有在晚上才能使用，一點亮就能讓發著光的櫻花花瓣片片飄落的道具。如果在櫻花樹附近使用的話，就會讓櫻花樹放出發光的櫻花。

製作方法 第34頁

# 迷你櫻花檯燈

*Cherry Blossoms Small lamp*

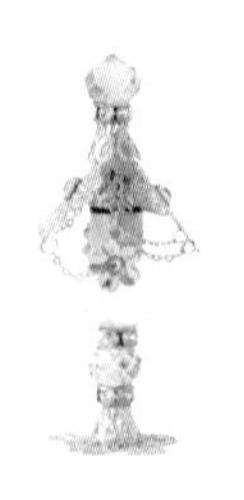

材料 Materials

- UV 樹脂液（星之雫 /PADICO）
- 玻璃罩粉紅色
- 亂切雷射亮片
- 櫻花花瓣雷射亮片（Resin 道）
- 蒸餾水
- 甘油
- EFFECT FLAKES PINK（PIKA-ACE）

［配件］
①櫻花鏤空配件 ×3
②花形鏤空配件 ×2
③金屬底座 ×3
④金色 Rondel 金屬珠 ×2
⑤彩色玻璃珠 ×2
⑥ LED 燈珠 金色（Resin 道）
⑦櫻花裝飾配件 ×2
⑧施華洛世奇水晶淺玫瑰色（大）×2
⑨施華洛世奇水晶淺玫瑰色（小）×3
⑩〇圈 ×4
⑪小豆鏈 ×2
⑫ C 圈 ×2

用具 Tools

- 湯匙
- 容器
- 滴管
- 牙籤
- UV 燈
- 圓口鉗
- 接著劑（HIGH SUPER 5/ 施敏打硬）

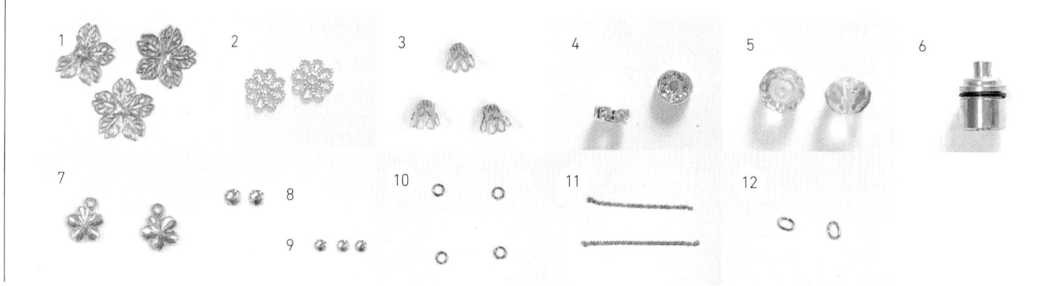

製作方法 How to Make

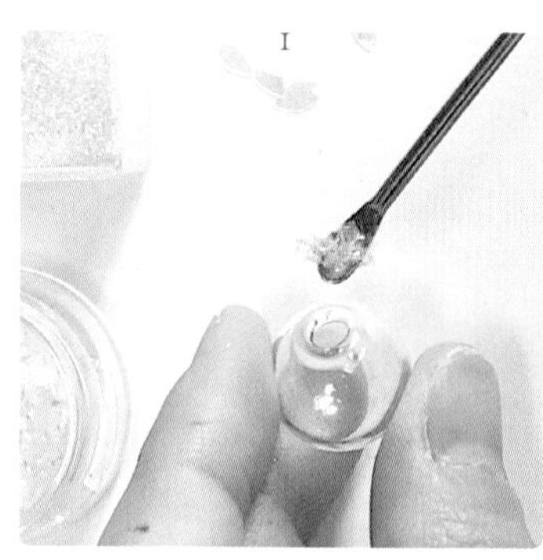


首先要製作雪花球的部分。在玻璃罩裡倒入適量的亂切雷射亮片和櫻花花瓣雷射亮片。

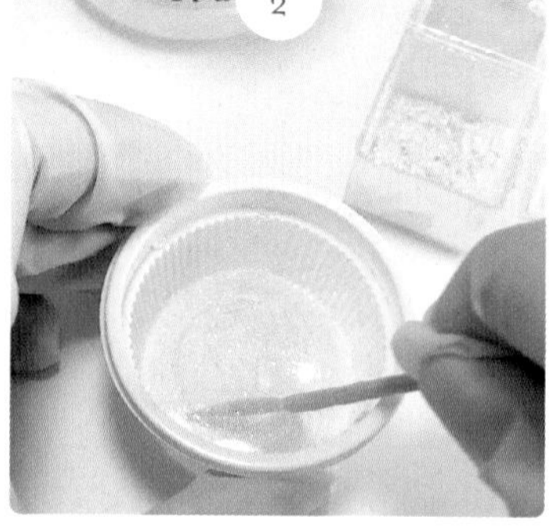


將蒸餾水與甘油以 7：3 的比例倒入容器，再適量加入 EFFECT FLAKES 特效粉攪拌混合。如果倒入較多的甘油，可以讓 EFFECT FLAKES 特效粉以及雷射亮片漂浮得久一些。

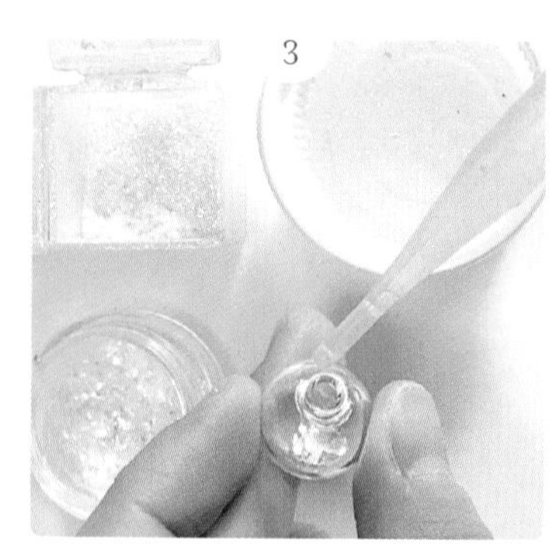


使用滴管將 2 滴入 1 至 9 分滿。

4

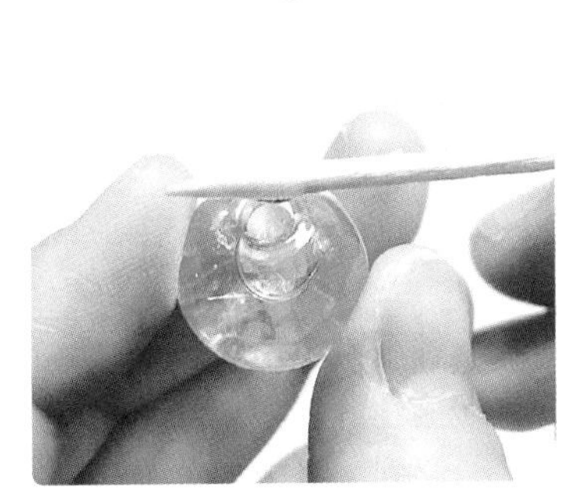

孔洞部分塗上薄薄一層透明樹脂液，照射 UV 燈使其固化。這麼一來樹脂就能扮演蓋子的功能，讓裡面的液體不容易溢出來。

5

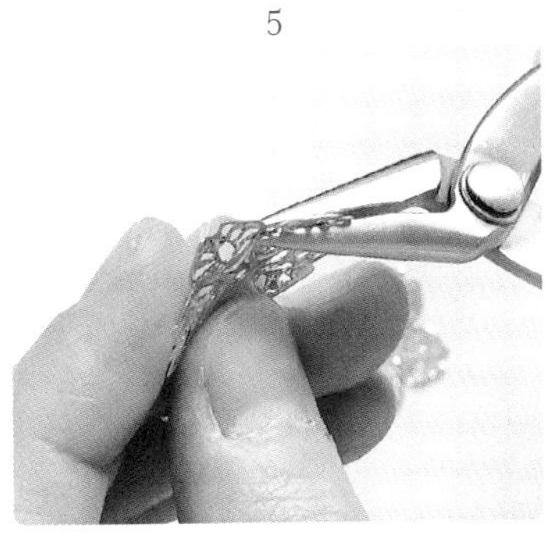

接下來製作燈罩部分。將櫻花鏤空配件用尖嘴鉗輕輕折彎。

6

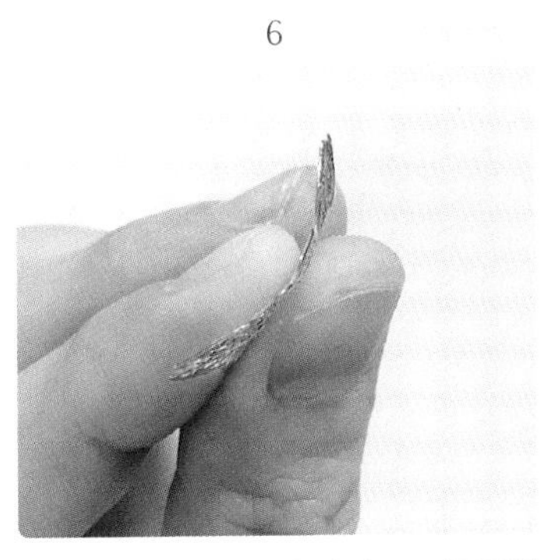

將配件折彎成微微地弧形，一共要製作 2 個。

7

將 2 個配件以照片上的角度拿好，在花瓣合攏接觸的部分塗上透明樹脂液，照射 UV 燈使其固化後可以暫時固定。

8

翻過背面，將花形鏤空配件以接著劑安裝至照片上的部分。然後將 7 暫時固定的部分也以接著劑確實接著固定下來。

9

花形鏤空配件安裝上去後，外觀看起來會呈現這個狀態。另一側也以相同的方式安裝配件。

10

將施華洛世奇水晶淺玫瑰色（大）以接著劑安裝在櫻花鏤空配件的中心部分（2 個位置）。※ 之後的製作過程中，所有配件的黏著固定都是使用接著劑。

11

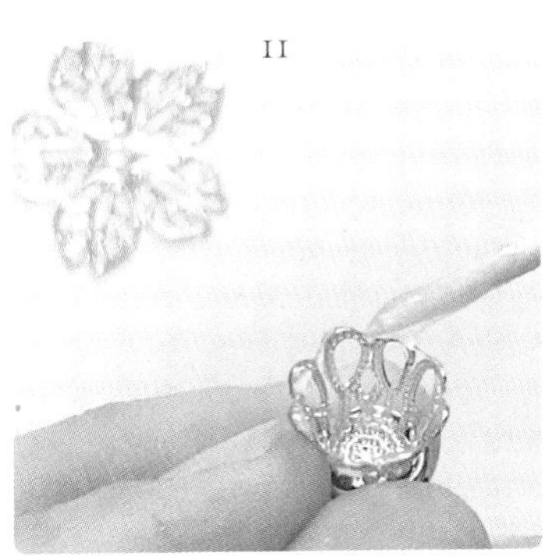

接下來要製作底座。將金屬底座安裝在櫻花鏤空配件的中心位置。

12

製作的重點在於確保安裝時不要偏離櫻花的中心位置。

13

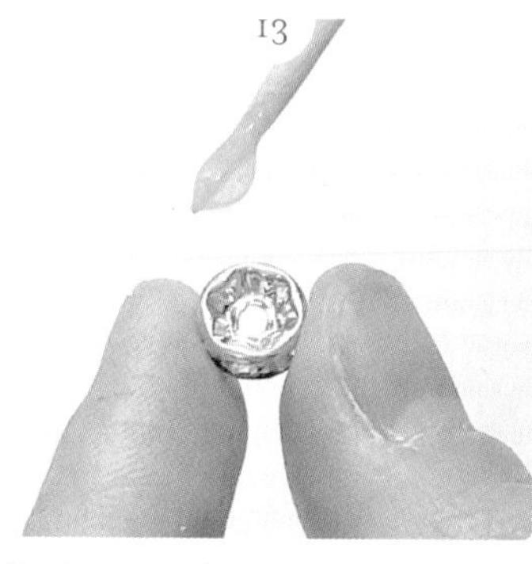

依照 Rondel 金屬珠→彩色玻璃珠→ Rondel 金屬珠的順序，將配件重疊安裝在金屬底座的上方。

14

所有配件都安裝上去後的狀態。

15

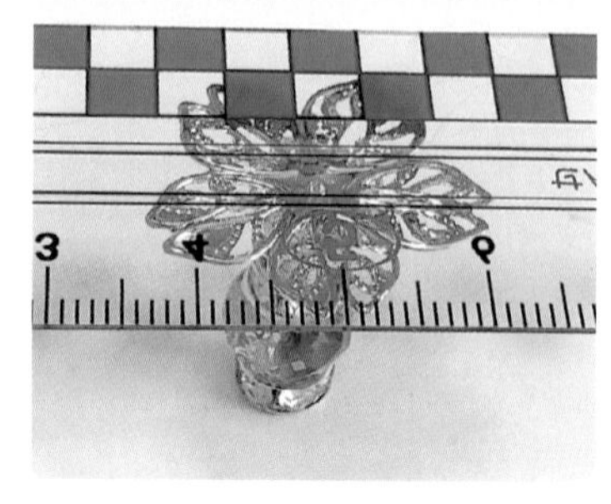

翻轉過來，在上方放置重物（這裡使用的是直尺），等待接著劑乾燥。

16

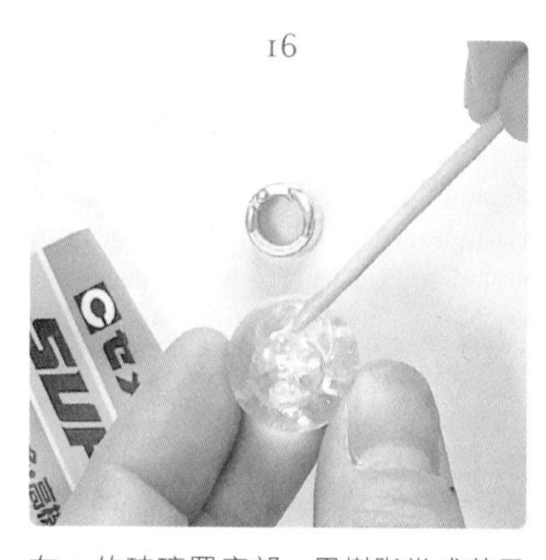

在 4 的玻璃罩底部，用樹脂當成蓋子的部分，塗上大量的接著劑，然後安裝在 LED 燈珠下半部。

17

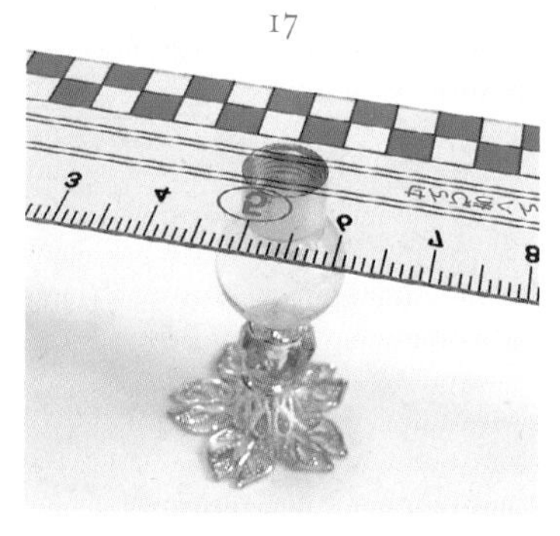

將 15 的玻璃罩的上部安裝在 Rondel 金屬珠上，再次於上方放置重物，等待接著劑乾燥。

18

將金屬底座安裝在 LED 燈珠上半部。

19

把 17 和 18 以將 LED 燈珠的上半部與下半部鑲嵌在一起的方式安裝起來。

20

從上方蓋住 10 來安裝。

21

接下來要製作燈罩上部的裝飾。在彩色玻璃珠的上方，依照 Rondel 金屬珠→金屬底座的順序進行安裝。金屬底座張開的那側要朝向上方。

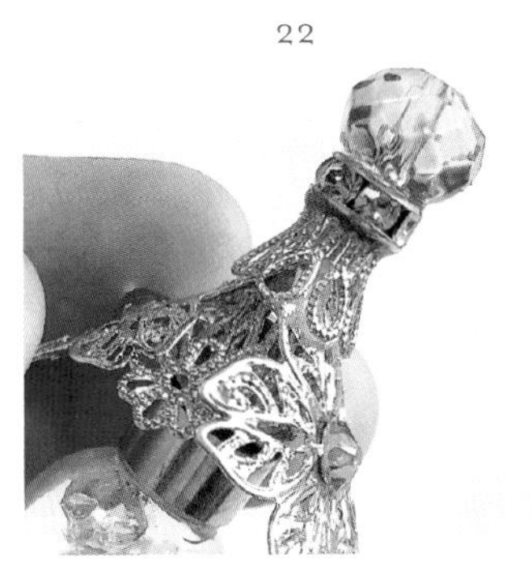

22

等接著劑完全乾燥後，安裝在燈罩的上方。

23

將施華洛世奇水晶淺玫瑰色（小）安裝在櫻花裝飾配件的中心位置。一共要製作 2 顆。

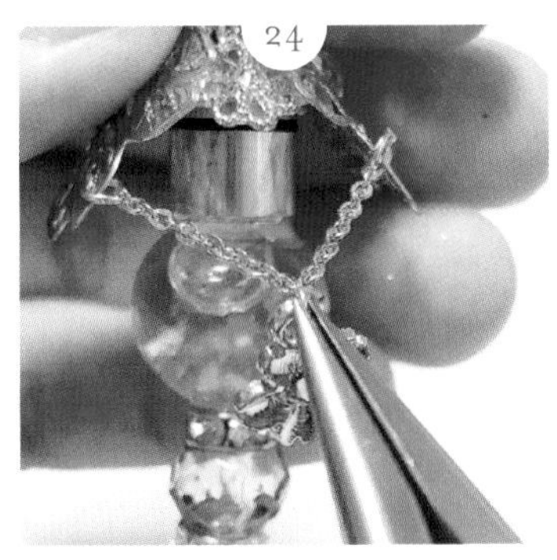

24

將鏈子以〇圈安裝在燈罩上。在鏈子的中心，將 23 的櫻花裝飾配件以 C 圈安裝上去。

25

這是鏈子與櫻花裝飾配件安裝完成後的狀態。另一側也進行同樣的作業。

26

將施華洛世奇水晶淺玫瑰色（小）安裝在燈罩上彩色玻璃珠的中心，將孔洞封起來就完成了。

27

只要轉動燈罩部分，就能點亮 LED 燈發光。

色彩變化組合 *Color Variation*

玻璃罩：綠色
彩色玻璃珠：綠色
施華洛世奇水晶：翠綠色

Sakurarium

*Cherry Blossoms Pocket watch*

## 櫻花懷錶

這是可以變身為櫻花魔法少女的魔法道具之一。蘊藏著櫻花的力量，只要在碰觸著櫻花樹的時候使用這個道具，就能讓櫻花樹在一瞬間恢復到櫻花盛開的狀態。

製作方法 第43頁

*Starry Cherry Blossoms Garden*

## 星光燦爛櫻花園

這是蘊藏著櫻花與星星力量的魔法道具。只要拿在手上許下願望，就能夠帶領我們前往在滿天星空下櫻花盛開飛舞的「星光燦爛櫻花園」。

製作方法 第40頁

# 星光燦爛櫻花園

*Starry Cherry Blossoms Garden*

材料 Materials

- UV 樹脂液（星之雫 /PADICO）
- 樹脂用染色劑（粉紅色：Resin 道 Color Jewel Pink、白色：Super White、紫色： Asteria Color Sumire/Resin 道）

[ 配件 ]

①月形與花形裝飾配件
②環形配件
③流星形配件
④櫻花連接裝飾配件
⑤寶石底座
⑥施華洛世奇水晶淺玫瑰色
⑦施華洛世奇水晶粉紅色
⑧〇圈（小）
⑨〇圈（大）
⑩圓背勾扣
⑪金屬鏈

用具 Tools

- 調色棒
- 矽膠杯
- 遮蓋膠帶
- 牙籤
- 接著劑（HIGH SUPER 5/ 施敏打硬）
- UV 燈
- 熱風槍
- 圓口鉗

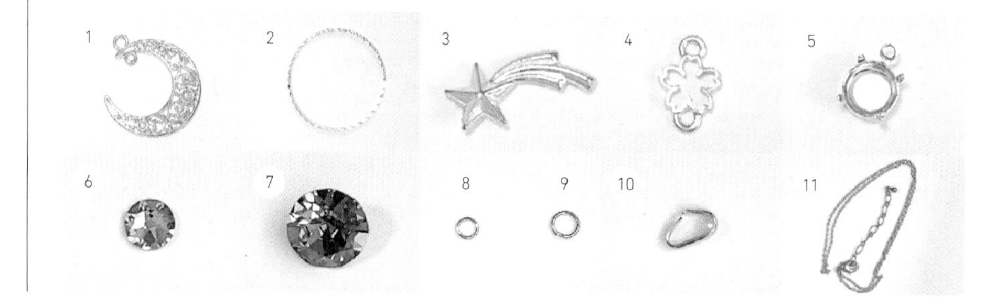

製作方法 How to Make

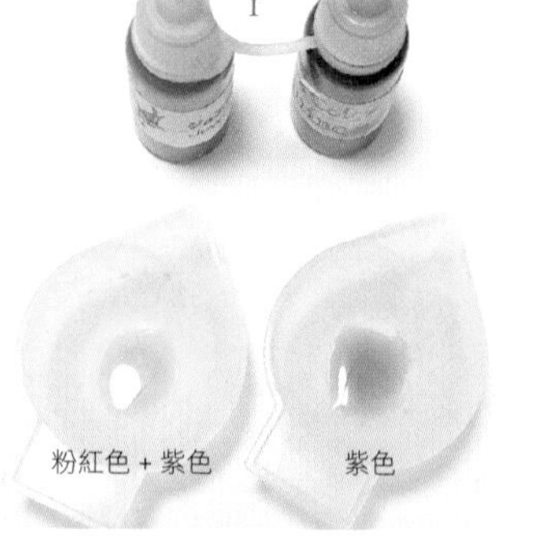


1 在樹脂液中加入染色劑，製作成粉紅色和紫色的樹脂液。製作的重點是在粉紅色樹脂液中摻入少許紫色，可以讓完成後的顏色顯得更加穩重。

2 在月形與花形裝飾配件的後方，貼上一塊白色的遮蓋膠帶。

3 將 1 製作完成的紫色樹脂液，以牙籤等工具沾取後，一點一點將鏤空部分的間隙填滿。然後照射 UV 燈使其固化。

以相同的步驟，將 1 製作完成的粉紅色樹脂液塗在鏤空部分，照射 UV 燈使其固化。

在樹脂液中加入染色劑（白色），製作成白色的樹脂液。倒入薄薄一層在 4 的背面。

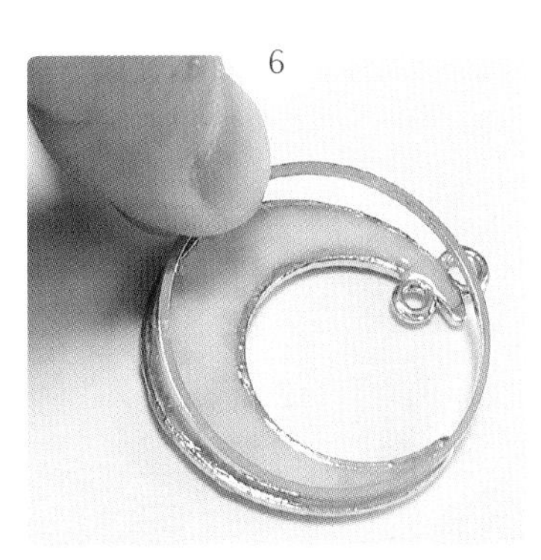

將環形配件沿著月形與花形裝飾配件的邊緣組裝上去，照射 UV 燈使其固化。像這樣重複「倒入白色樹脂液→照射 UV 燈固化」的步驟 2~3 次。

再次翻回表面，整體塗上透明樹脂液，照射 UV 燈使其固化。塗上大量的樹脂液，讓整個月形部分的表面都呈現隆起形狀會更好。

在左上方可以看見環形配件的部分，以接著劑將流星形配件安裝上去。

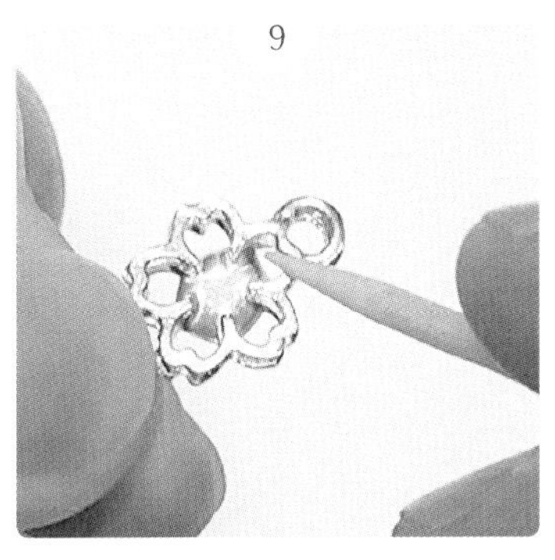

在櫻花連接裝飾配件的表面、花的中心部分薄薄塗上一層透明樹脂液，照射 UV 燈使其固化。

將施華洛世奇水晶淺玫瑰色以接著劑安裝在步驟 9 讓樹脂液固化的部分。

將施華洛世奇水晶粉紅色安裝在寶石底座。

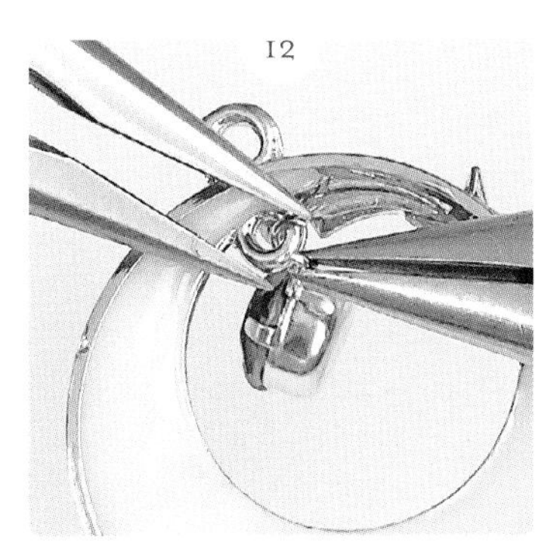

將 11 以○圈（小）安裝在月形與花形裝飾配件內側的環圈部分。

13
將 10 以 〇圈（大）安裝在月形與花形裝飾配件外側的環圈部分。

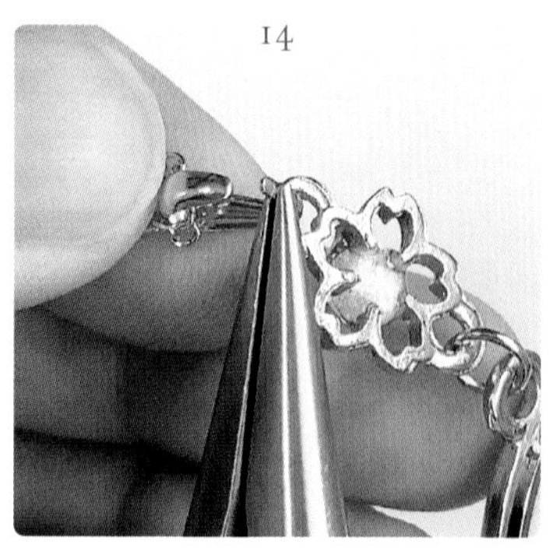
14
以圓背勾扣將鏈子安裝在櫻花連接裝飾配件上就完成了。

色彩變化組合 Color Variation

牛奶淡粉色
施華洛世奇水晶：玫瑰色、淺玫瑰色
樹脂用染色劑：Resin 道 Color Super White、Jewel Pink（Resin 道）

Snow Night
施華洛世奇水晶： Crystal Royal Blue Daylight
樹脂用染色劑：Resin 道 Color Super White、Cyan、Violer、Alistique Blue （Resin 道）
※樹脂液需要加入 EFFECT FLAKES AQUA 混合在一起使用。

牛奶淡紫色
施華洛世奇水晶：丁香紫色、淺紫水晶
樹脂用染色劑：Resin 道 Color Super White、Violer（Resin 道）

# 櫻花懷錶

*Cherry Blossoms Pocket watch*

材料 Materials

- UV樹脂液（星之雫 /PADICO）
- 樹脂用染色劑（Resin 道 Color Jewel Pink、Super White、Silk Premium Sakura /Resin 道）

[資材・配件]
①金色懷錶
②櫻花心形配件
③翅膀配件
④三連櫻花裝飾配件
⑤施華洛世奇水晶淺玫瑰色（大）×2
⑥施華洛世奇水晶淺玫瑰色（小）×3
⑦施華洛世奇水晶 ×2

用具 Tools

- 矽膠杯
- 調色棒
- 熱風槍
- 矽膠筆刷
- UV燈
- 接著劑（HIGH SUPER 5/ 施敏打硬）
- 鑷子
- 斜口鉗
- 銼刀

事前準備 Preparation

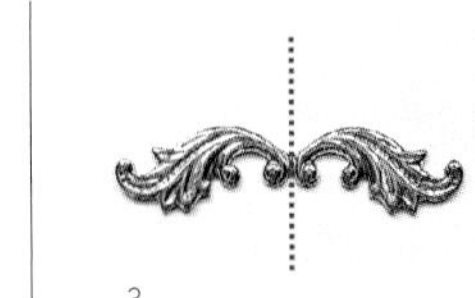


用斜口鉗剪掉紅色虛線部分，再以銼刀整平切斷面。

製作方法 How to Make

在樹脂液中添加3色（Super White、Jewel Pink、Sakura）染色劑，調製成淡粉紅色的樹脂液。

用熱風槍加熱消除氣泡後，放置一段時間，等待氣泡完全消失。

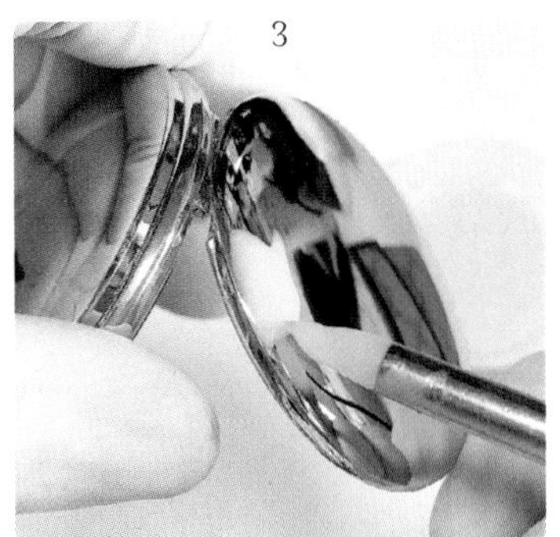


使用矽膠筆刷在懷錶蓋上刷塗樹脂液。剛開始要一點一點少量塗在邊緣的部分。

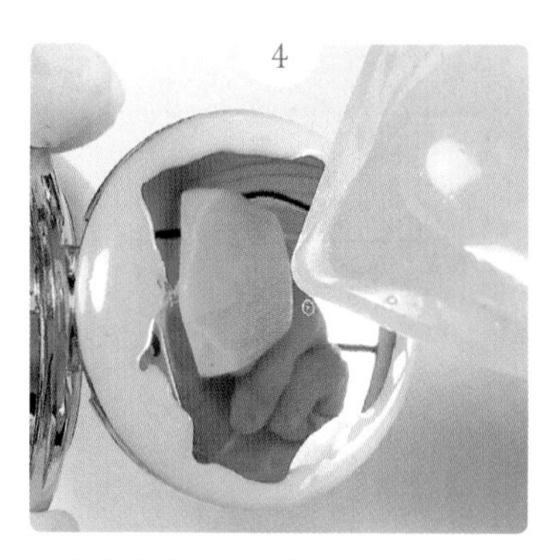
4

將樹脂液倒入中央部分。因為需要讓樹脂液遍佈整個懷錶蓋，所以需要一定程度的樹脂分量。不過要注意若倒入太多的話，可能會引起固化不良。

5

以矽膠筆刷延展開來，塗滿樹脂液，直到懷錶蓋的金色部分都被覆蓋住為止。

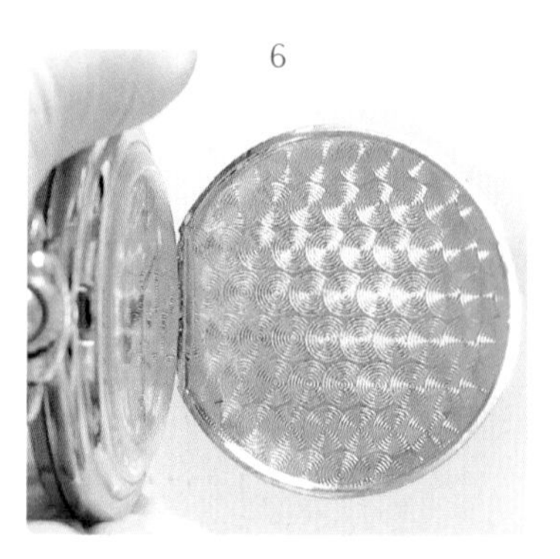
6

如果樹脂液集中堆積在某處的話，可以將懷錶蓋朝向下方，等樹脂液集中流向中央部位後，再向四周圍刷開，這樣就能塗佈均勻。

7

當樹脂液塗佈均勻後，照射 UV 燈使其固化。

8

接著要進行懷錶蓋的裝飾作業。將櫻花心形配件（以下簡稱為心形）以接著劑安裝至懷錶蓋上。※ 後續步驟所有配件的接著固定都是使用接著劑。

9

將三連櫻花裝飾配件（以下簡稱為三連櫻）安裝至心形的下方。

10

將翅膀配件以保持左右對稱的方式，安裝在心形的兩側邊。

11

最後將施華洛世奇水晶淺玫瑰色（大）安裝在心形與三連櫻的中心，施華洛世奇透明水晶安裝在三連櫻花左右的花朵中心，施華洛世奇水晶淺玫瑰色（小）安裝在心形上部與三連櫻花的兩端後就完成了。

Caramel*Ribbon

*Magical Compact*

## 魔法粉盒

打開這個魔法粉盒，並詠唱咒語，就能變身成想要變成的樣子。當變身的時間限制快到的時候，中心的心形就會開始閃爍。

製作方法 第47頁

*Transform Pendant*

## 變身項鍊墜

這是讓一名普通女孩變身為魔法少女時必備的魔法道具。大顆的心形裝飾裡面裝滿了魔法的精華。

製作方法 第51頁

# 魔法粉盒

*Magical Compact*

材料 Materials

- UV 樹脂液（星之雫 /PADICO）
- 珍珠粉

［資材、配件］
①粉盒鏡
②鑲石耳圈
③玻璃罩
④鏤空配件
⑤金屬串珠（大）
⑥金屬串珠（小）×6
⑦施華洛世奇水晶（大）×7 色
⑧施華洛世奇水晶（小）×7 色
⑨施華洛世奇水晶（心形）
⑩寶石底座 ×7
⑪緞帶裝飾配件
⑫方形裝飾配件 ×7
⑬星形裝飾配件 ×6
⑭半圓形珍珠 ×12

用具 Tools

- 水性顏料麥克筆（POSCA 白）
- 紙杯
- 熱風槍
- UV 燈
- 酒精
- 擦拭紙巾（KimWipes 紙巾、廚房紙巾等）
- 竹籤
- 筆刷
- 眼影棒
- 接著劑（Super×2/ 施敏打硬）
- 鑷子
- 圓口鉗
- 斜口鉗
- 鑽石銼刀

1
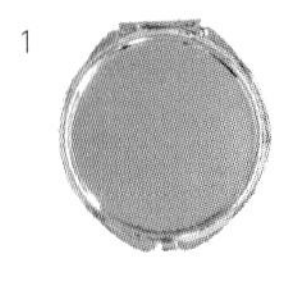
2
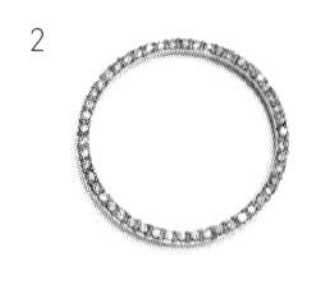
3
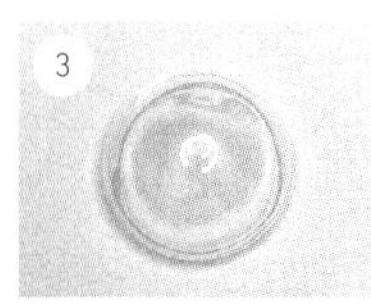
4
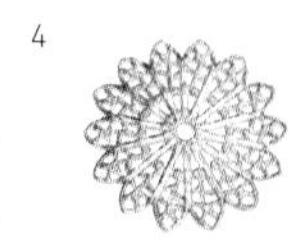
5
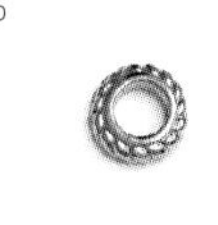
6

7
8
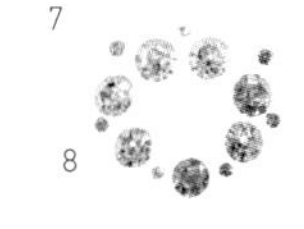
9
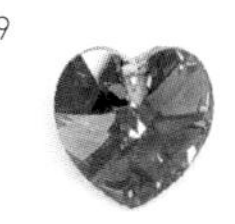
10
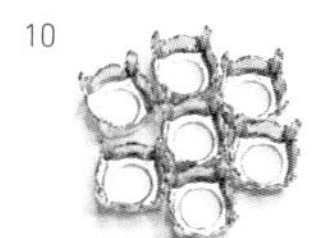
11

12

13

14

事前準備 Preparation

12

用斜口鉗剪掉紅色虛線部分，再以銼刀整平切斷面。

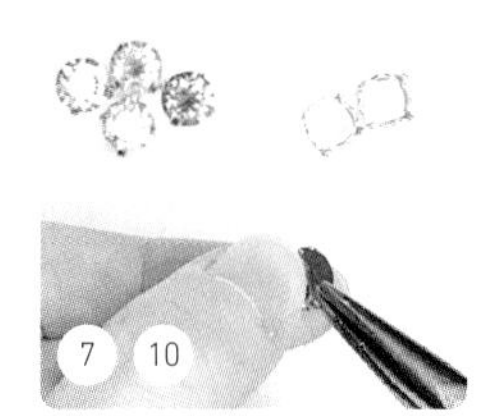
7 10

將施華洛世奇水晶（大）安裝至寶石底座。

1

用竹籤沾附樹脂液塗抹在鑲石耳圈上，然後將玻璃罩安裝上去。

2

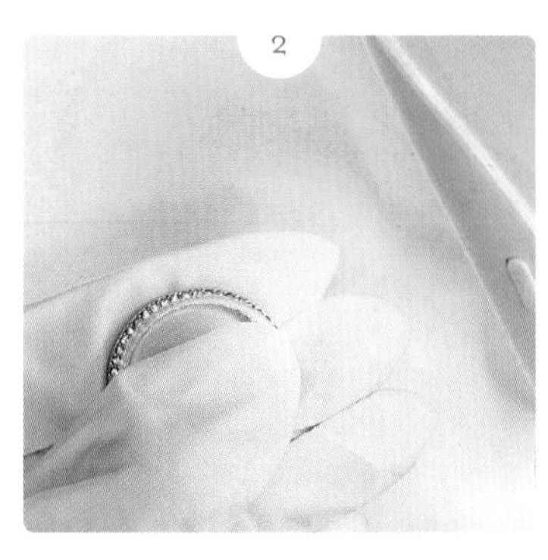

照射 UV 燈使其固化。

3

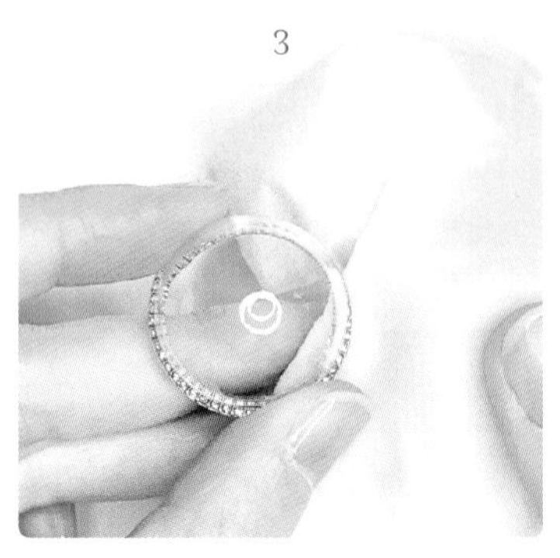

使用 KimWipes 紙巾（廚房紙巾也可以）沾上酒精，將安裝上去的玻璃罩擦拭乾淨。

4

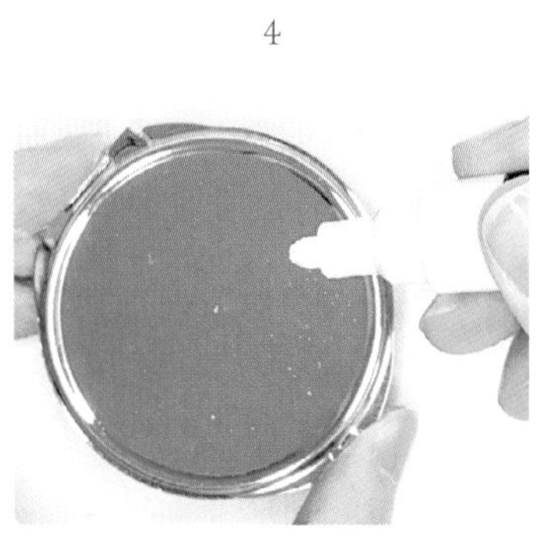

接下來要進行本體的裝飾作業。使用 POSCA（白）將粉盒鏡的蓋子塗成白色。

5

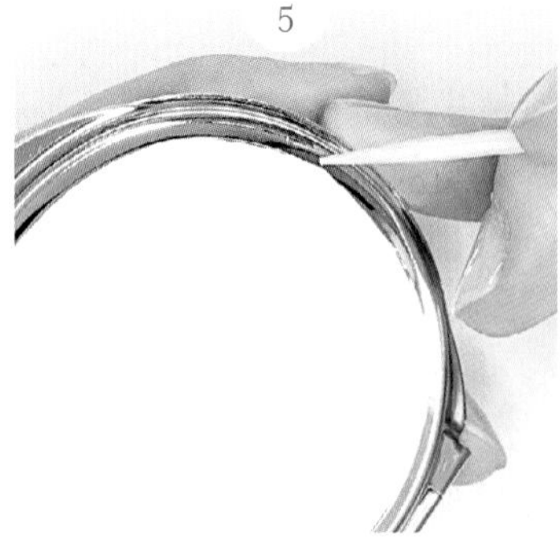

使用竹籤將水性顏料麥克筆 POSCA 溢出的部分清除乾淨。

6

重複上色，直到平均塗滿顏色後，待其乾燥。

7

將樹脂液與珍珠粉混合在一起，使用筆刷塗抹在以水性顏料麥克筆 POSCA 上色的部分。

8

用熱風槍加熱消除氣泡，照射 UV 燈使其固化。

9

固化後，使用眼影棒將珍珠粉擦抹在整個本體上。

10

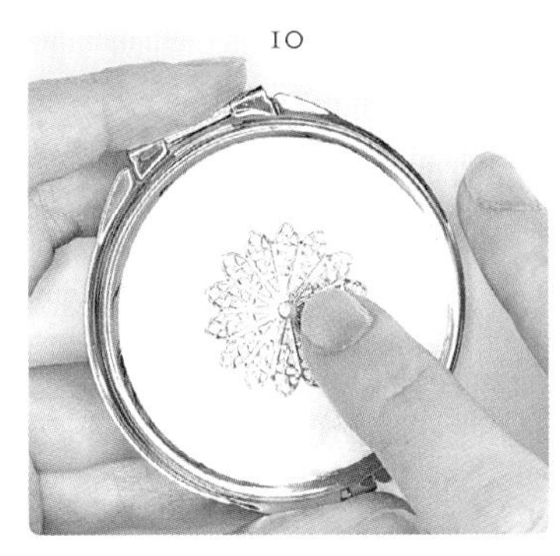

以接著劑將鏤空配件安裝在中心位置。※之後的製作過程中，所有配件的黏著固定都是使用接著劑。

11

將金屬串珠（大）安裝在鏤空配件的中心位置。

12

將施華洛世奇水晶（心形）安裝上去。

13

以竹籤沾上樹脂液，塗抹在金屬配件與施華洛世奇水晶的間隙，照射 UV 燈使其固化（藉此增加強度）。

14

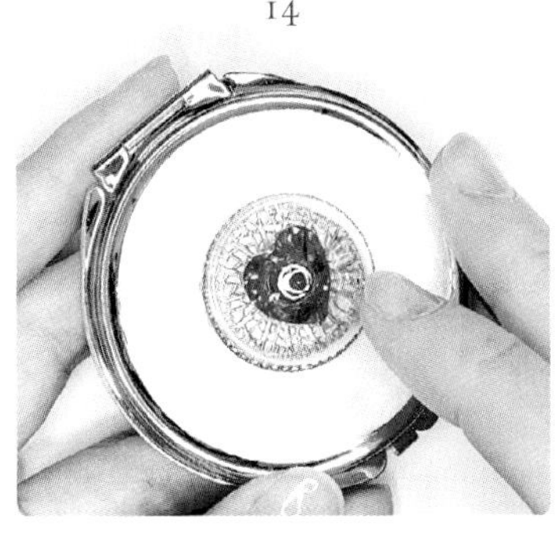

將 3 的玻璃罩安裝在中心位置。

15

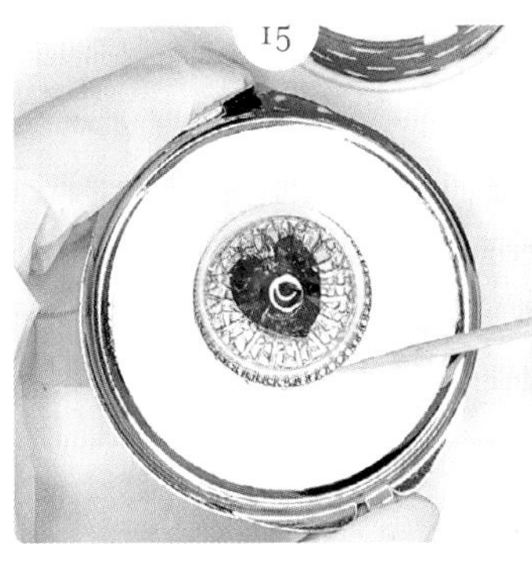

以竹籤沾上樹脂液，塗抹在玻璃罩與粉盒鏡接觸面的間隙，照射 UV 燈使其固化（藉此增加強度）。

16

將事前準備時安裝在寶石底座上的施華洛世奇水晶（大）安裝上去。

17

如照片所示，將施華洛世奇水晶（大）均衡地安裝上去。施華洛世奇水晶（心形）的正下方要安裝緞帶裝飾配件。

18

所有的施華洛世奇水晶（大）都安裝完成後的狀態。

將方形裝飾配件安裝在施華洛世奇水晶（大）與玻璃罩之間。

將金屬串珠（小）安裝在方形裝飾配件之間。

將施華洛世奇水晶（小）安裝在金屬串珠（小）上方與緞帶裝飾配件的環圈部分。

將星形裝飾配件安裝在施華洛世奇水晶（大）之間。

將半圓形珍珠安裝在星形裝飾配件的兩側邊。

以竹籤沾上樹脂液，塗抹在所有配件和接觸面的間隙，照射 UV 燈使其固化後就完成了。

作家的建議 Creator's Comment

● 配件在配置的時候，如果由邊緣開始依順序排放的話，有可能會發生空間不足或是剩餘太多的情形。所以要以對角線的方式配置排放，這樣才能夠排列出比例均衡的佈局。

● 玻璃罩很容易會沾上指紋，所以作業時請穿戴橡膠手套或布製手套。如果在內側留下指紋或污漬的話，就無法製作出美觀的作品。

● 粉盒鏡的底部很容易因為摩擦而受損，作業中請貼上遮蓋膠帶等來加以保護。

# 變身項鍊墜

*Transform Pendant*

材料 Materials

- UV樹脂液（星之雫/PADICO）
- 鏡面鍍鉻漆（La Plus「Mirage」Orochi、Hyperion、Amaterasu/Resin道）
- 貝殼碎片
- 亮粉（粉紅色、白色）
- 瓶中花油

[資材、配件]

①心形玻璃罩
②空框
③心形寶石底座
④施華洛世奇水晶（心形）
⑤施華洛世奇水晶 ×4
⑥翅膀裝飾配件 ×2
⑦金屬串珠（四角）×2
⑧金屬串珠（圓）×2
⑨方形裝飾配件
⑩星形裝飾配件 ×2
⑪珍珠（小）×4
⑫珍珠（大）×2
⑬C圈 ×2
⑭鏈子
⑮月形裝飾配件
⑯星形連接配件

用具 Tools

- 紙杯
- 熱風槍
- UV燈
- 竹籤
- 筆刷
- 遮蓋膠帶
- 矽膠墊
- 透明檔案夾
- 眼影棒
- 接著劑（Super×2/施敏打硬）
- 鑷子
- 圓口鉗
- 平口鉗
- 斜口鉗
- 鑽石銼刀

事前準備 Preparation

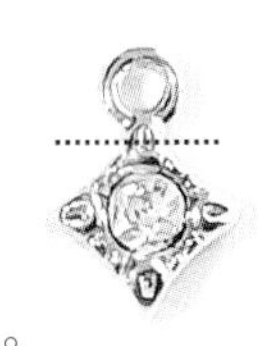


用斜口鉗剪掉紅色虛線部分，再以銼刀整平切斷面。

1

將心形玻璃罩黏貼固定在遮蓋膠帶上。有孔洞的那一面（背面）要朝向上方。

2

將亮粉（粉紅色）與貝殼碎片倒入心形玻璃罩的孔洞中。

3

倒入瓶中花油至 9 分滿。

4

滴一滴樹脂液在裁切成適當大小的透明檔案夾上，照射 UV 燈使其固化。

5

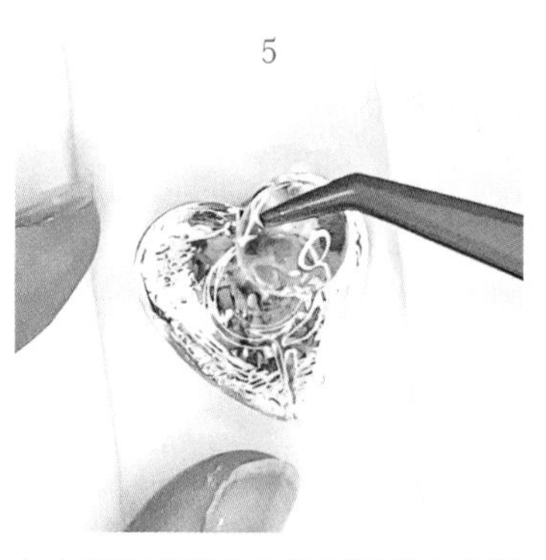

在心形玻璃罩的孔洞周圍塗上樹脂液，將 4 蓋上去當作蓋子，照射 UV 燈使其固化。

6

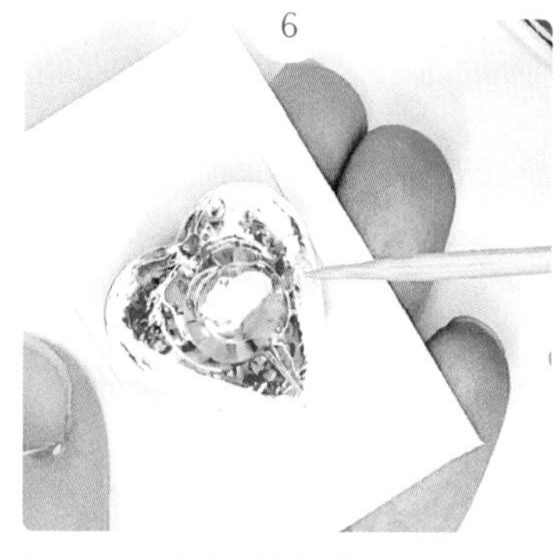

這次要將整體都塗上樹脂液，再照射 UV 燈使其固化。

7

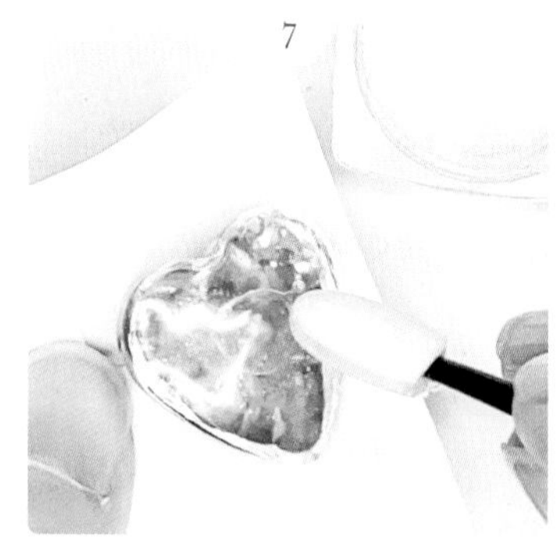

在塗有樹脂液的地方，用眼影棒擦抹鏡面鍍鉻漆（Orochi）。

8

在矽膠墊的上方放置一個空框。然後倒入樹脂液至空框高度的 2/3 左右，然後用熱風槍加熱消除氣泡。

9

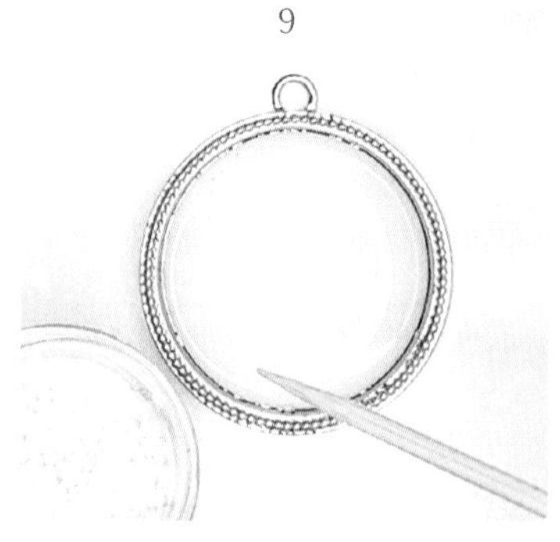

添加亮粉（白色），照射 UV 燈使其固化。

10

將 7 以接著劑安裝上去。

11

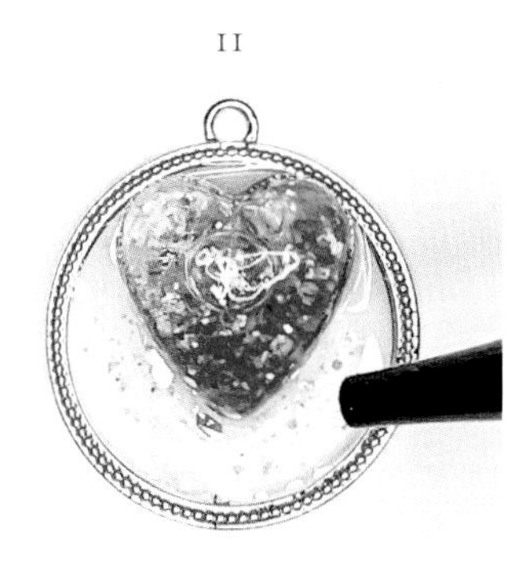

將樹脂液倒入整個空框中。用熱風槍加熱消除氣泡，再照射 UV 燈使其固化。

12

翻過背面，將空框的背面整體也塗上樹脂液，接著照射 UV 燈使其固化。

13

在塗有樹脂液的地方，用眼影棒擦抹鏡面鍍鉻漆（Orochi、Hyperion、Amaterasu）。

14

整體塗上樹脂液，照射 UV 燈使其固化。

15

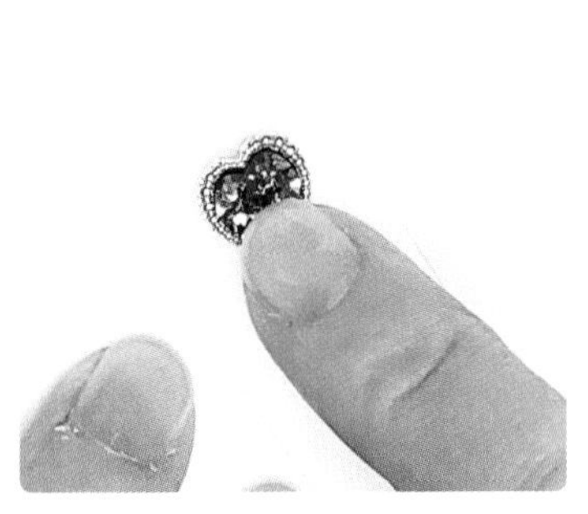

將施華洛世奇水晶（心形）以接著劑安裝在心形寶石底座。※ 之後的製作過程中，所有配件的黏著固定都是使用接著劑。

16

將 15 安裝在心形玻璃罩的正下方。

17

將翅膀裝飾配件以保持左右對稱的方式，安裝在施華洛世奇水晶（心形）的兩側。

18

將金屬串珠（四角）安裝在翅膀裝飾配件的上方。

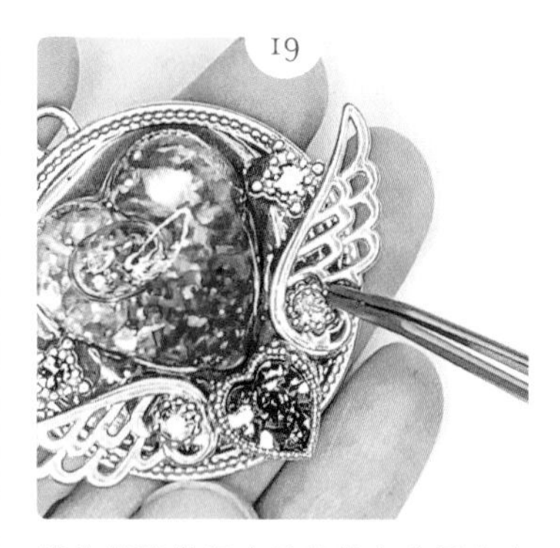


將施華洛世奇水晶安裝在金屬串珠（四角）上方。同樣的，將金屬串珠（圓）安裝在翅膀裝飾配件的上方，再將施華洛世奇水晶安裝在上面。

將方形裝飾配件安裝在心形玻璃罩的正上方，將星形裝飾配件安裝在其兩側邊。

用竹籤沾上樹脂液，塗抹在所有的配件和接觸面的間隙，再照射 UV 燈使其固化。

將珍珠（小）2 顆與珍珠（大）1 顆安裝至心形玻璃罩的翅膀裝飾配件之間填滿空隙。

在珍珠與翅膀裝飾配件的間隙沾上樹脂液，照射 UV 燈使其固化。

以 C 圈將鏈子、月形裝飾配件、星形連接配件連接在一起後就完成了。

作家的建議 Creator's Comment

裝入心形玻璃罩內的液體，除了瓶中花油之外，使用甘油或是嬰兒油也 OK。依裝入的液體種類不同，裡面的亮粉和貝殼碎片的移動方式也會有所不同。
黏度較高的瓶中花油移動較緩慢；黏度較低的嬰兒油移動的速度較快；使用甘油的話，移動方式會介於兩者之間。

Caramel*Ribbon

*Magical Key*

## 魔法之鑰

這是賜給掌管各自所屬顏色的魔法女孩們的魔法鑰匙。魔法少女們會將其隨身攜帶，當作項鍊戴在身上。

製作方法 第56頁

## 材料 Materials

原型與矽膠模具
- 翅膀的設計圖
- 心形的設計圖
- 硬蠟片
- 矽膠
- 硬化劑

本體
- UV 樹脂液（星之雫 / PADICO）

[ 配件 ]
①月形裝飾配件
②方形裝飾配件
③鏤空配件
④寶石底座（大）
⑤寶石底座（中）
⑥施華洛世奇水晶（大）
⑦施華洛世奇水晶（中）
⑧施華洛世奇水晶（小）
⑨星形配件 ×2
⑩鑰匙
⑪星形裝飾配件
⑫ C 圈 ×2
⑬鏈子

## 用具 Tools

原型與矽膠模具
- 珠針
- 陶瓷刨刀（陶瓷材質的刀子）
- 線鋸
- 油性筆
- 筆刀
- 刻磨機
- 雙面膠帶
- 紙杯
- 剪刀
- 遮蓋膠帶
- 塑膠杯
- 電子秤

本體
- 熱風槍
- UV 燈
- 竹籤
- 筆刷
- 遮蓋膠帶
- 筆刀
- 刻磨機
- 接著劑（Super×2/ 施敏打硬）
- 鑷子
- 圓口鉗
- 平口鉗
- 斜口鉗
- 鑽石銼刀

1 2 3

4 5 6 7 8 9

10 11 12

13

## 事前準備 Preparation

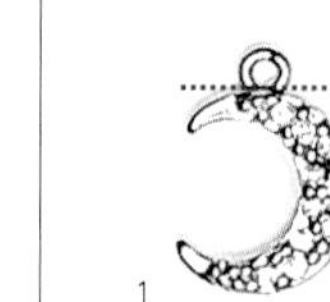

1

2

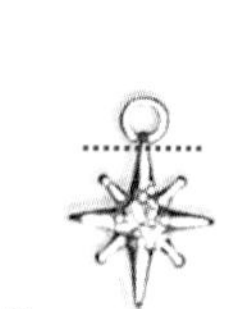

11

用斜口鉗剪掉紅色的虛線部分，再以銼刀整平切斷面。

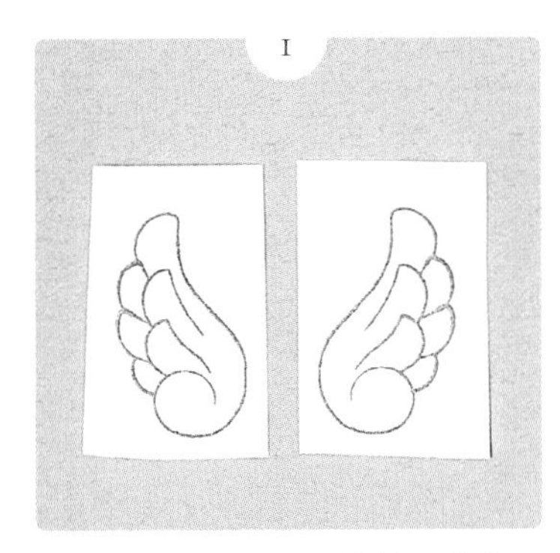


首先要製作翅膀與心形樹脂配件的原型。準備好左右對稱的翅膀設計圖。

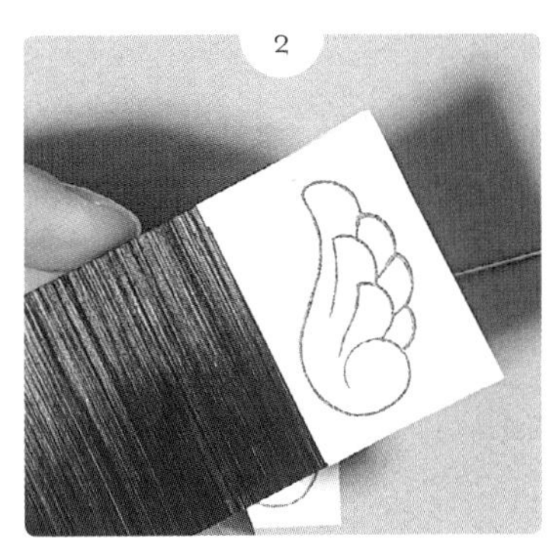


將遮蓋膠帶黏貼在硬蠟片上。

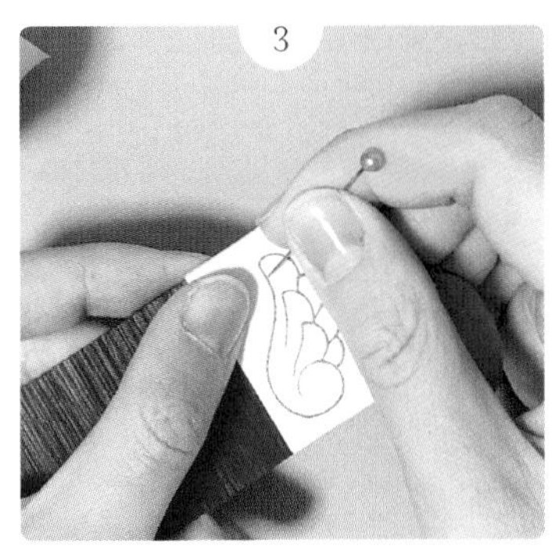


以珠針沿著線條刺出痕跡，將翅膀的設圖複寫到硬蠟片上。

複寫成像這個樣子。

為了要能夠看起來更有翅膀的外形，使用陶瓷刨刀雕刻加工。

翅膀的設計圖圖案看起來更加鮮明了。

使用油性筆，沿著雕刻出來的線條畫線，讓圖像看起來更明確。

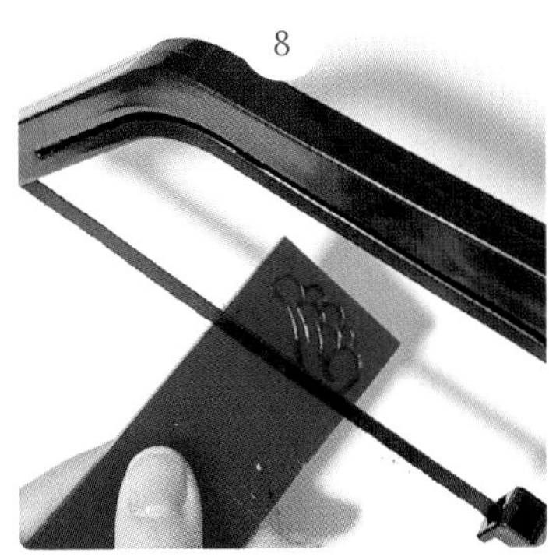


以線鋸將多餘的硬蠟片鋸除。

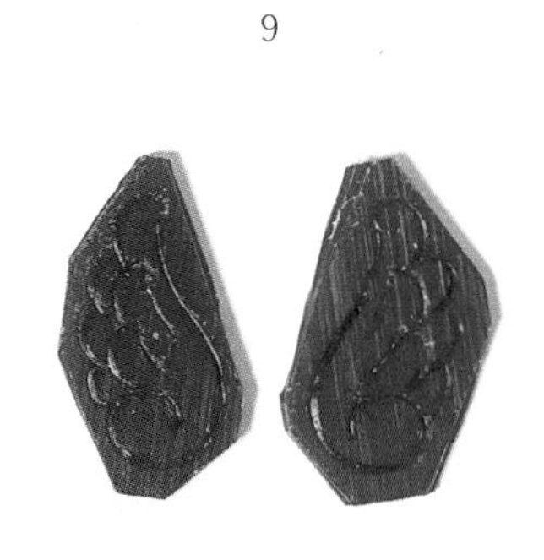


另一側的翅膀也以重複 2~8 的步驟製作，準備好左右對稱的兩側翅膀。

10

筆刀沿著線條將硬蠟片削掉，製作成翅膀的形狀。

11

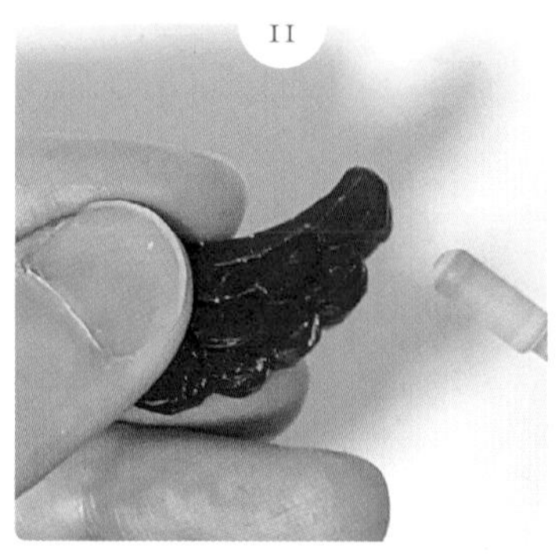

以刻磨機修整邊角，呈現出圓潤感。

12

將邊角修整乾淨後的狀態。

13

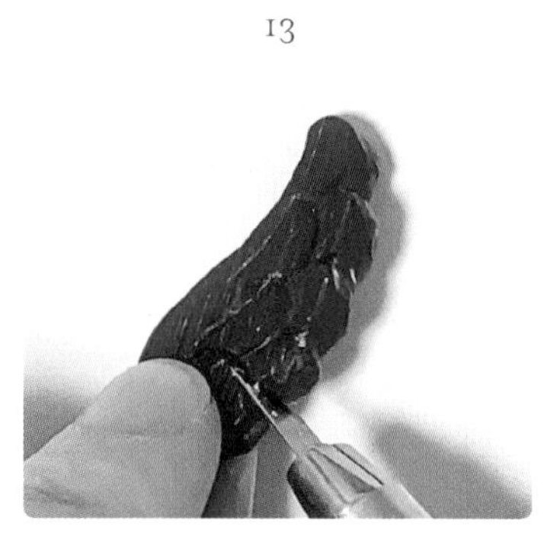

接下來要將翅膀修飾得更加立體，在表面加工製作出高低落差。

14

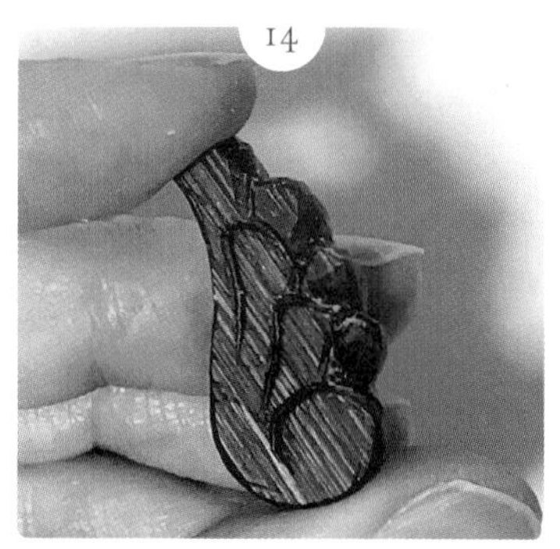

翅膀的下部已經看得出高低落差了。

15

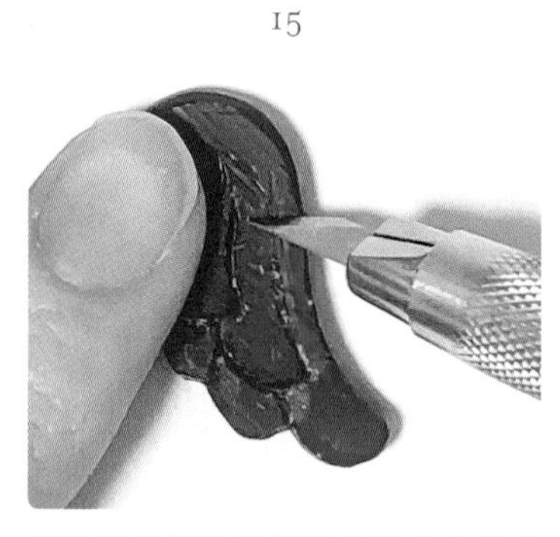

翅膀的背部也同樣要刮削出高低落差。

16

使用陶瓷刨刀將油性筆描繪過的線條刮除乾淨。

17

另一側的翅膀也重複 10~16 的步驟製作。翅膀的原型就完成了。

18

以同樣的步驟將心形的原型也製作出來。

19
接下來要使用矽膠進行翻模的作業。先用雙面膠帶將翅膀的原型黏貼起來。

20
將超出範圍部分的雙面膠帶剪掉。

21
撕開雙面膠帶的離型紙，黏貼在距離底部 10cm 左右的高度切開的紙杯底部。

22
另一側的翅膀也以同樣的方式作業。

23
將 18 的心形原型也貼上雙面膠帶，剪掉多出來的部分。

24
撕下離型紙後，黏貼在紙杯的底部。

25
將矽膠與固化劑以 10 比 1 的比例倒入塑膠容器，充分攪拌混合。※ 固化劑的比例較少的話，模具會變得較柔軟；反之比例較多的話，模具則會變得較硬。

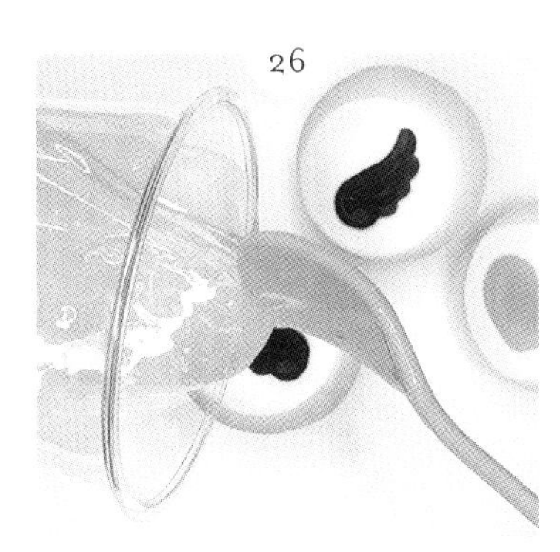
26
將矽膠倒入 22 與 24 的紙杯。

27
將紙杯稍微抬高，然後放開手使其自然落下桌面，重複這個動作數次，讓空氣排出後，放置 12~24 小時左右，使其固化。矽膠模具就完成了。

28

將樹脂液倒入翅膀與心形的矽膠模具。

29

照射 UV 燈使其固化。

30

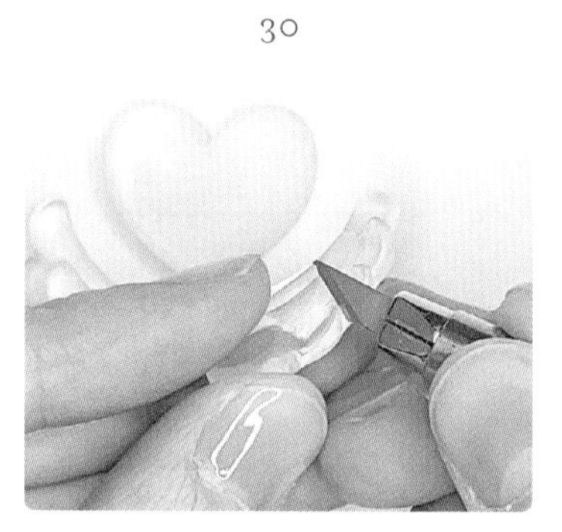

自模具取出後，用筆刀將毛邊（多餘的突起）修掉。

31

再用刻磨機進一步將毛邊修整乾淨，翅膀與心形的樹脂配件就完成了。

32

將翅膀與心形的樹脂配件如照片般黏貼在遮蓋膠帶上。使用竹籤在配件的間隙塗上樹脂液，照射 UV 燈使其固化。

33

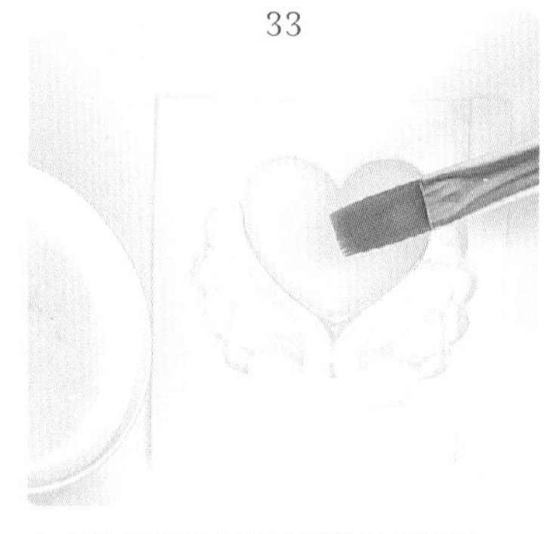

在心形樹脂配件的表面塗上樹脂液。

34

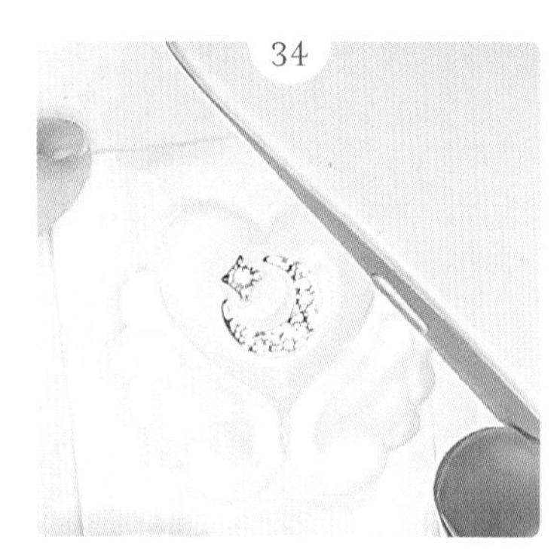

放上月形裝飾配件和方形裝飾配件，照射 UV 燈使其固化。

35

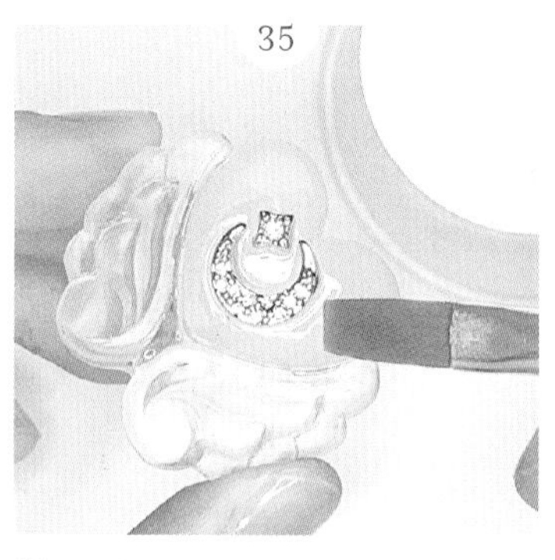

撕下遮蓋膠帶，將裝飾配件的周圍以及心形樹脂配件整個塗上樹脂液，照射 UV 燈使其固化。

36

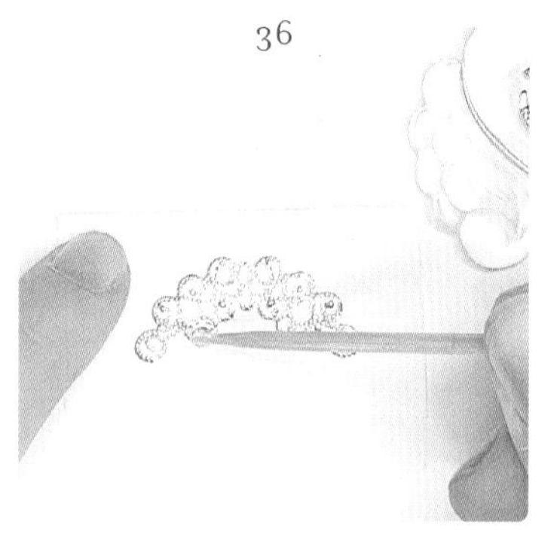

將鏤空配件黏貼在遮蓋膠帶上，下方塗上接著劑，安裝在 35 上。※ 之後的製作過程中，所有配件的黏著固定都是使用接著劑。

37

使用竹籤在鏤空配件和心形樹脂配件的間隙塗上樹脂液，照射 UV 燈使其固化。

38

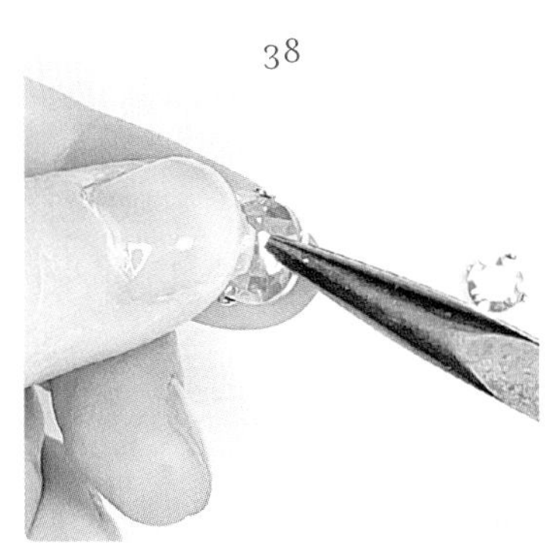

將施華洛世奇水晶（大）、（中）安裝在各自的寶石底座上。

39

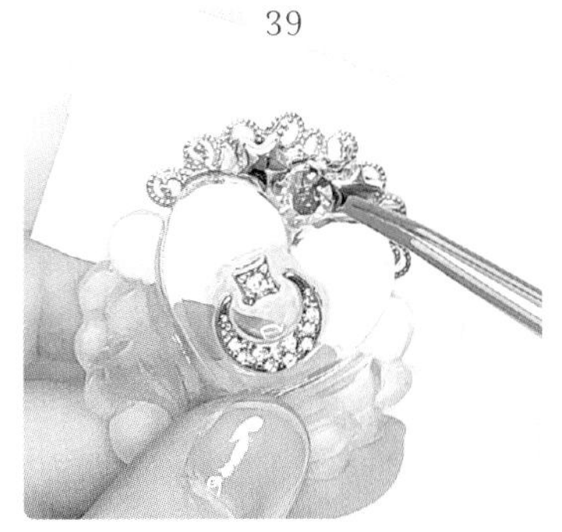

將安裝在寶石底座上的施華洛世奇水晶（中），安裝在心形樹脂配件的正上方，兩側邊接著固定星形配件。

40

在施華洛世奇水晶（中）與鏤空配件的間隙、星形配件和鏤空配件的間隙塗上樹脂液，再照射 UV 燈使其固化。

41

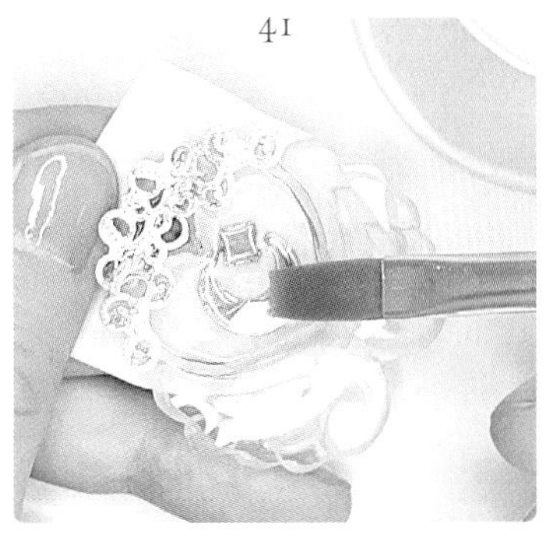

翻過背面，將背面整個塗上樹脂液，照射 UV 燈使其固化。

42

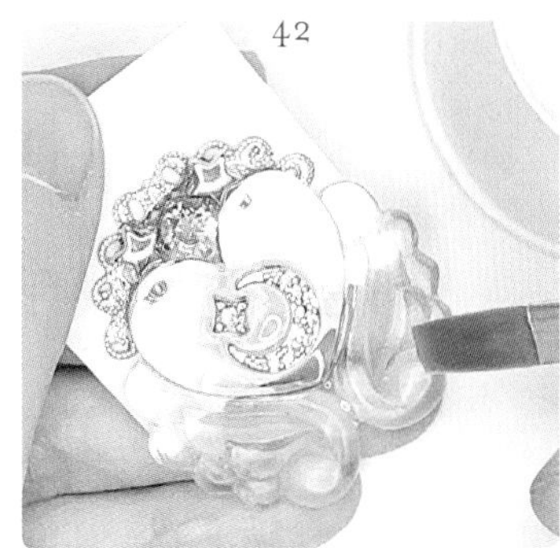

將正面的翅膀整個塗上樹脂液，照射 UV 燈使其固化。

43

像這樣在整體塗上樹脂液，可以呈現出具有光澤感的外觀。

44

將安裝在寶石底座上的施華洛世奇水晶（大），接著固定在翅膀樹脂配件的中心位置。

45

在施華洛世奇水晶（大）與翅膀樹脂配件的間隙塗上樹脂液，照射 UV 燈使其固化。

46

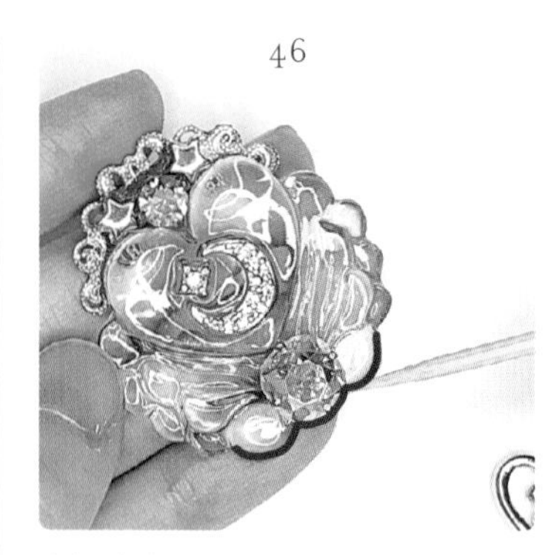

在翅膀的下方，如照片上的位置塗抹接著劑，將鑰匙安裝上去。

47

在樹脂配件和鑰匙的間隙塗上樹脂液，照射 UV 燈使其固化來暫時固定。

48

將星形裝飾配件與施華洛世奇水晶（小）安裝在鑰匙心形部分的中心位置。

49

在樹脂配件和鑰匙的間隙、鑰匙與星形裝飾配件、施華洛世奇水晶（小）的間隙塗上樹脂液，照射 UV 燈使其固化。

50

以 C 圈將鏈子連接上去後就完成了。

## 色彩變化組合 Color Variation

由左而右
[ 綠色 ] 施華洛世奇水晶：玫瑰色
樹脂用染色劑：Resin 道 Color Jewel Blue、Jewel Yellow
[ 藍色 ] 施華洛世奇水晶：Lt. 藍寶石色
樹脂用染色劑：Resin 道 Color Jewel Blue
[ 粉紅色 ] 施華洛世奇水晶：Lt. 玫瑰色
樹脂用染色劑：Resin 道 Color Jewel Pink、Jewel Yellow
[ 紫色 ] 施華洛世奇水晶：玫瑰桃色
樹脂用染色劑：Resin 道 Color Jewel Pink、Jewel Blue
[ 黃色 ] 施華洛世奇水晶：Lt. 暹羅紅色
樹脂用染色劑：Resin 道 Color Jewel Yellow、Jewel Pink

（所有染色劑都使用 Resin 道的產品）

Caramel*Ribbon

*Leap Watch*

## 時空跳躍懷錶

可以自由時間跳躍，穿越過去與未來的魔法道具。不同的翅膀顏色，可以穿越的時間各有不同。

製作方法 第64頁

# 時空跳躍懷錶

*Leap Watch*

材料 Materials

- UV樹脂液（星之雫 /PADICO）
- 雷射亮片（星形）

[配件]
①施華洛世奇水晶（特大）
②施華洛世奇水晶（大）
③施華洛世奇水晶（中）×4
④施華洛世奇水晶（小）×2
⑤寶石底座（特大）
⑥寶石底座（大）
⑦錶面連接環
⑧鏤空配件（A）
⑨鏤空配件（B）
⑩鏤空配件（C）
⑪空框
⑫星形飾釘 ×4
⑬金屬串珠（四角）
⑭金屬串珠（圓小）×2
⑮金屬串珠（圓）
⑯星形珍珠
⑰星形配件 ×2
⑱方形裝飾配件 ×3
⑲C圈（大）×2
⑳C圈（小）
㉑星形連接材料
㉒鏈子

用具 Tools

- 熱風槍
- UV燈
- 竹籤
- 筆刷
- 遮蓋膠帶
- 接著劑（Super×2/ 施敏打硬）
- 鑷子
- 圓口鉗
- 平口鉗
- 斜口鉗
- 鑽石銼刀

事前準備 Preparation

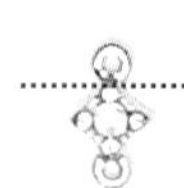
18

用斜口鉗剪掉紅色虛線部分，再以銼刀整平切斷面。

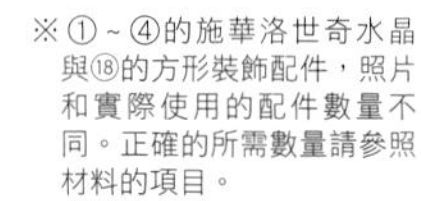

※①～④的施華洛世奇水晶與⑱的方形裝飾配件，照片和實際使用的配件數量不同。正確的所需數量請參照材料的項目。

1

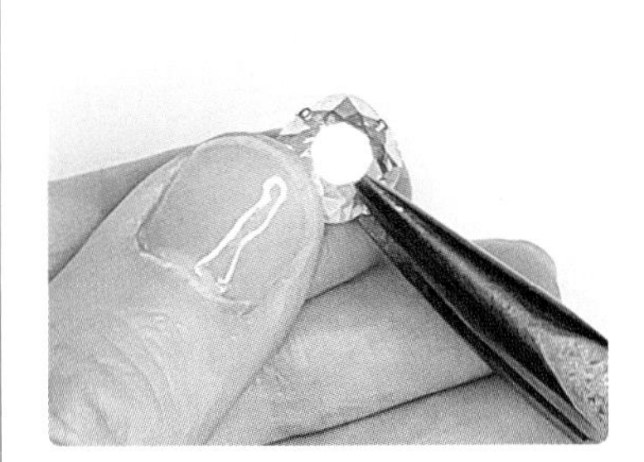

將施華洛世奇水晶（大）安裝至寶石底座。

2

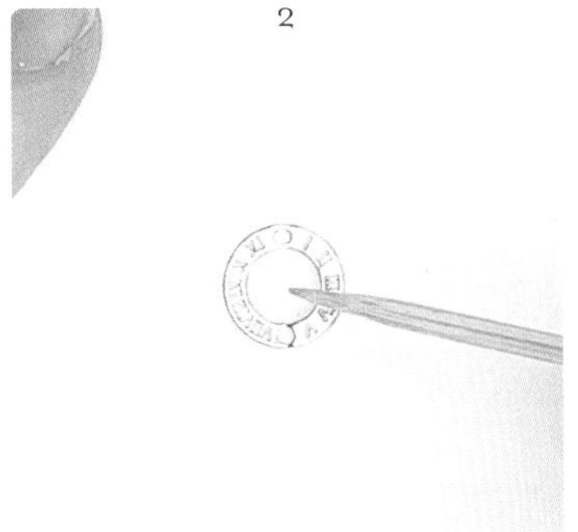

在錶面連接環的孔洞外圍、以及上下的小孔洞的外圍塗上樹脂液。

3

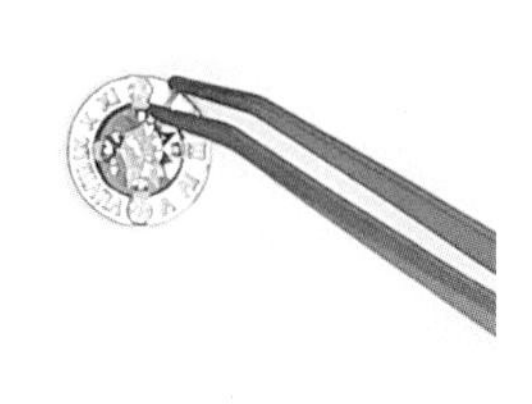

將 1 安裝至中心的孔洞，上下的孔洞鑲入 2 顆施華洛世奇水晶（小），照射 UV 燈使其固化。

4

在鏤空配件（A）的孔洞的外圍塗上樹脂液。

5

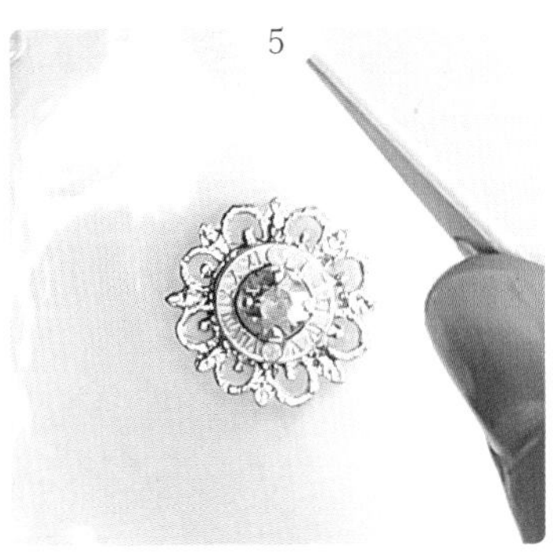

將 3 鑲入中心的孔洞照射 UV 燈使其固化。

6

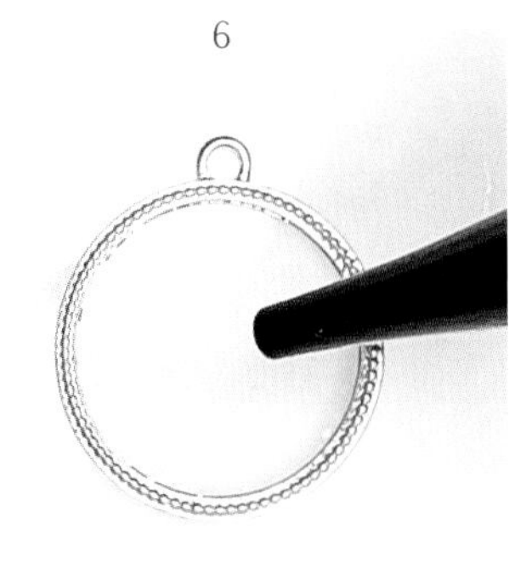

將空框放在矽膠墊的上方，倒入樹脂液至 5 分滿，再用熱風槍加熱消除氣泡。

7

將 5 放至中心位置，上下左右各放上 4 顆星形飾釘，然後在間隔處放上 4 個雷射亮片（星形）。

8

照射 UV 燈使其固化。

9

再倒入樹脂液至 9 分滿，先用熱風槍加熱消除氣泡，照射 UV 燈使其固化。

10

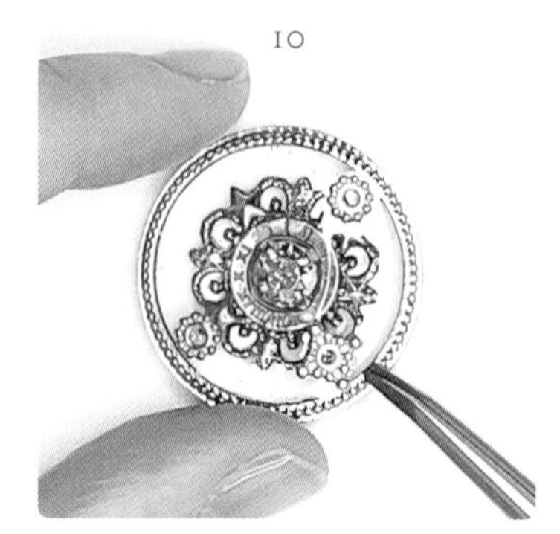

以接著劑在照片的位置安裝 2 個金屬串珠（圓小）並在下部安裝金屬串珠（四角）。※ 之後的製作過程中，所有配件的黏著固定都是使用接著劑。

11

在各個金屬串珠的上方安裝 3 顆施華洛世奇水晶（中）。

12

為了要讓金屬串珠與施華洛世奇水晶完全固定住，這裡要倒入更多的樹脂液，再照射 UV 燈使其固化。

13

將星形珍珠安裝在照片上的位置。

14

在星形珍珠的孔洞塗上樹脂液，照射 UV 燈使其固化。

15

將金屬串珠（圓）安裝在星形珍珠的上方。

16

將施華洛世奇水晶（中）安裝在金屬串珠的上方。

17

在施華洛世奇水晶（中）與星形珍珠的間隙塗上樹脂液，照射 UV 燈使其固化。

18

將空框與翅膀樹脂配件（製作方法請參照第 57~ 60 頁）黏貼在遮蓋膠帶上，並在空框與翅膀、翅膀與翅膀的間隙塗上樹脂液。

19

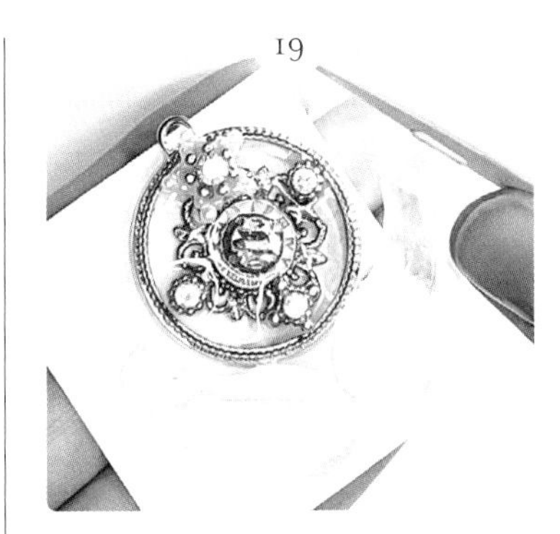

照射 UV 燈使其固化。

20

將鏤空配件（B）安裝在翅膀的中心位置。

21

在鏤空配件（B）的孔洞部分塗上樹脂液，照射 UV 燈使其固化。

22

將施華洛世奇水晶（特大）安裝在鏤空配件（B）的中心位置。

23

將星形配件安裝在施華洛世奇水晶的兩側，再將方形裝飾配件安裝在旁邊。

24

在 22、23 安裝上去的配件和鏤空配件的間隙塗上樹脂液。鏤空配件也整體塗上樹脂液，照射 UV 燈使其固化。

25

將配件翻至背面，將空框整體塗上樹脂液。

26

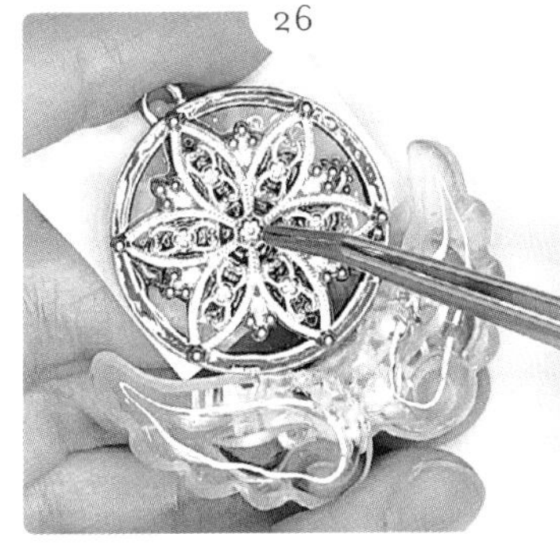

將鏤空配件（C）放上去，照射 UV 燈使其固化。

27

背面整體塗上樹脂液，照射 UV 燈使其固化。

28 再度翻回正面，將翅膀樹脂配件塗上樹脂液，照射 UV 燈使其固化。

29 用 C 圈將鏈子與星形連接材料、方形裝飾配件連接在一起就完成了。

色彩變化組合 Color Variation

由左而右
[ 粉紅色 × 淺藍色 ] 施華洛世奇水晶：心形 /Lt. 玫瑰色、其他 / 玫瑰色、Lt. 玫瑰色、紫羅蘭色、Lt. 土耳其藍色、碧綠色
樹脂用染色劑：Resin 道 Color Jewel Pink、Jewel Blue
[ 藍色 ] 施華洛世奇水晶：心形 / 碧綠色、其他 / 碧綠色、Lt. 天藍色、Lt. 藍寶石色、Lt. 土耳其藍色、淺橄欖綠色
樹脂用染色劑：Resin 道 Color Jewel Blue、Alistique Blue、Jewel Pink
[ 粉紅色 x 紫色 ] 施華洛世奇水晶：心形 / 玫瑰色、其他 / 玫瑰色、Lt 玫瑰色、黃水仙色、Lt. 藍寶石色、紫羅蘭色
樹脂用染色劑：Resin 道 Color Jewel Pink、Jewel Yellow、Jewel Blue
（所有染色劑都使用 Resin 道的產品）

Caramel*Ribbon

*Magical Rainbow Rod*

## 彩虹變身魔杖

當 4 位魔法少女的心結合為一之時，閃耀著七色光芒的彩虹魔杖就會出現。

製作方法 第70頁

# 彩虹變身魔杖
*Magical Rainbow Rod*

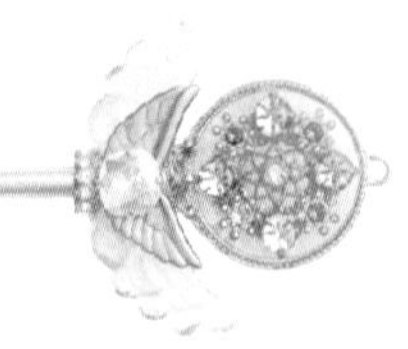

材料 Materials

- UV 樹脂液（星之雫 /PADICO）
- 電鍍粉（Meister Chrome Platinum Zeus/Resin 道）

[ 配件 ]
①髮棒
②壓克力管
③金屬配件
④ Rondel 金屬珠 ×2
⑤空框
⑥連接配件
⑦施華洛世奇水晶（大）
⑧施華洛世奇水晶（中）×4 色
⑨施華洛世奇水晶（小）×5 色
⑩寶石底座（大）
⑪寶石底座（中）×4
⑫金屬串珠 ×4
⑬皇冠配件
⑭金屬的翅膀配件

用具 Tools

- 剪刀
- 眼影棒
- 熱風槍
- UV 燈
- 竹籤
- 筆刷
- 遮蓋膠帶
- 接著劑（Super X2/ 施敏打硬）
- 鑷子
- 圓口鉗
- 斜口鉗
- 鑽石銼刀
- 線鋸

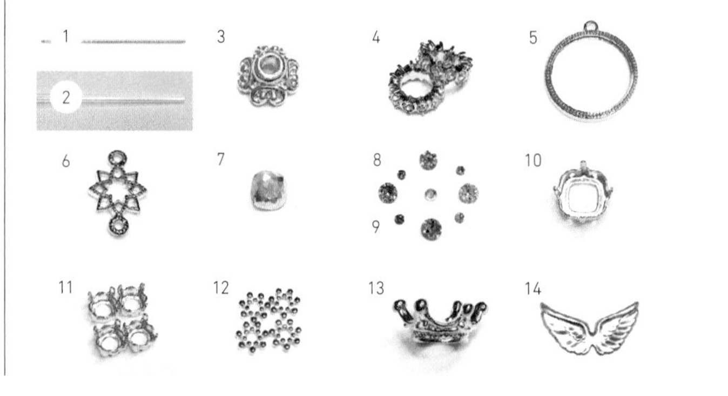


事前準備 Preparation

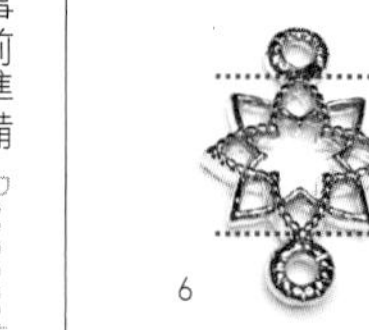


用斜口鉗剪掉紅色虛線部分，再以銼刀整平切斷面。

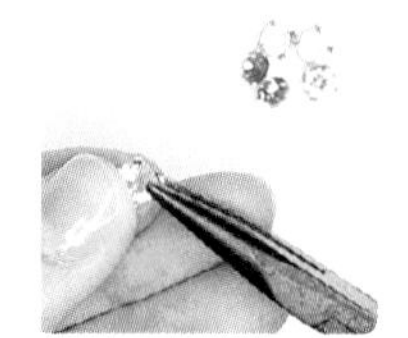

將施華洛世奇水晶（大）安裝至寶石底座（大）、施華洛世奇水晶（中）安裝至寶石底座（中）。

製作方法 How to Make

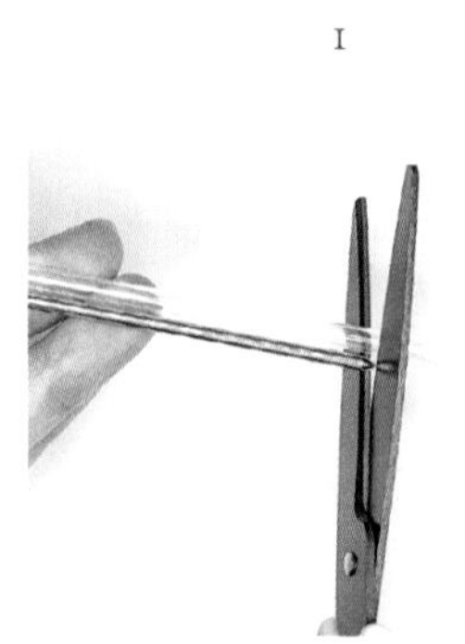


首先要製作魔杖的部分。因為需要配合髮棒的長度裁切壓克力管的關係，先以剪刀剪出所需長度的記號。

用線鋸將做好記號的位置鋸斷。

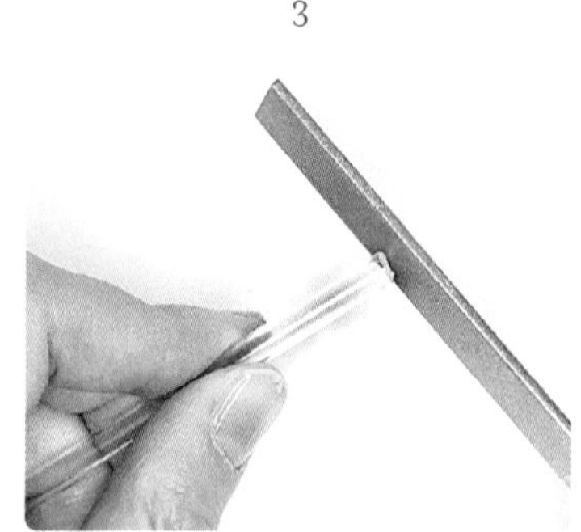


將切口以銼刀整平。

4

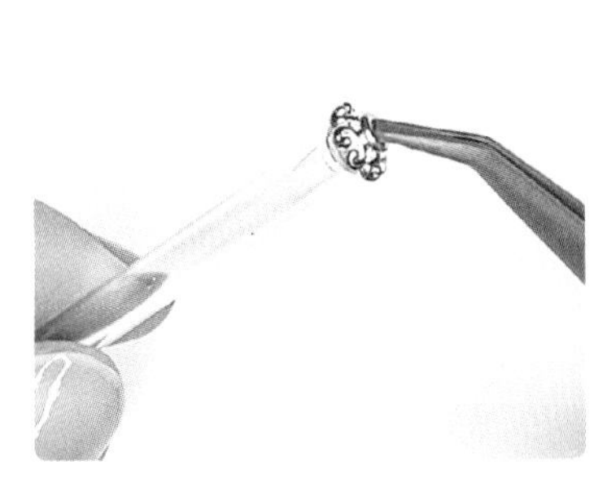

在切口塗上接著劑，將金屬配件黏貼上去。※之後的製作過程中，所有配件的黏著固定都是使用接著劑。

5

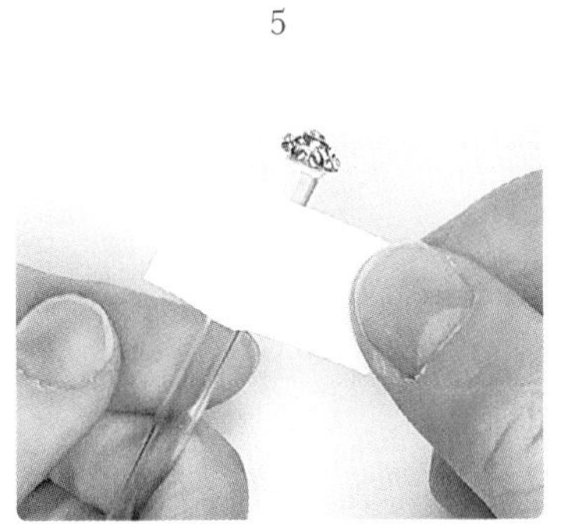

在照片的位置纏上遮蓋膠帶。

6

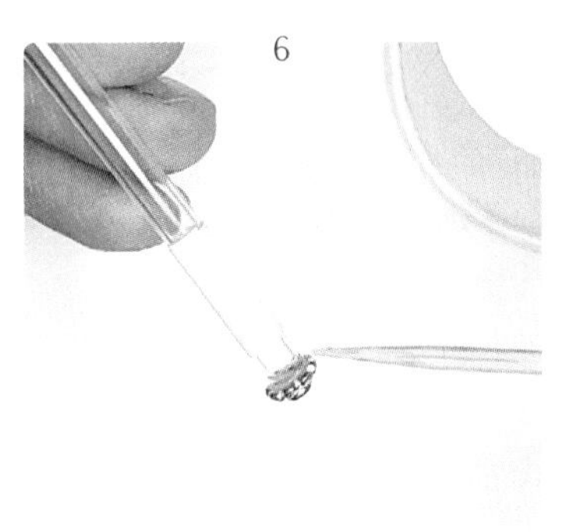

在金屬配件和遮蓋膠帶之間塗上樹脂液，照射 UV 燈使其固化。

7

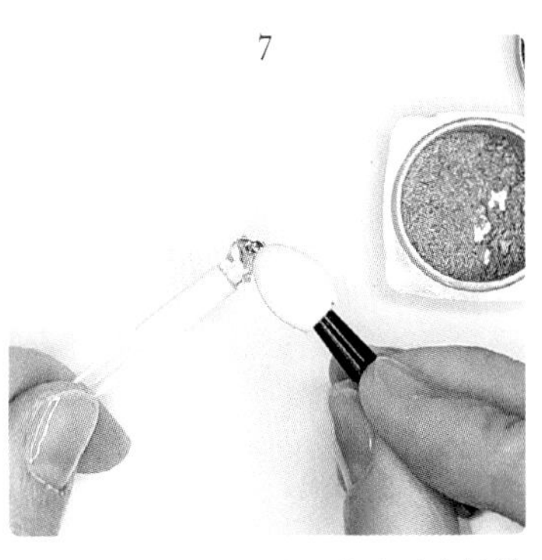

在塗有樹脂液並完成固化的地方擦抹電鍍粉。

8

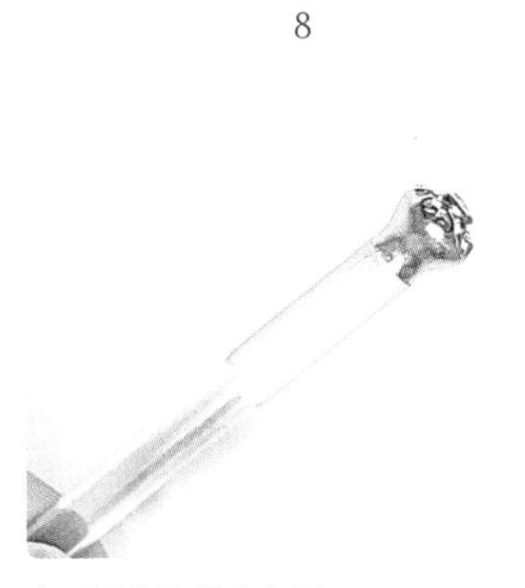

會形成像這樣的色調。

9

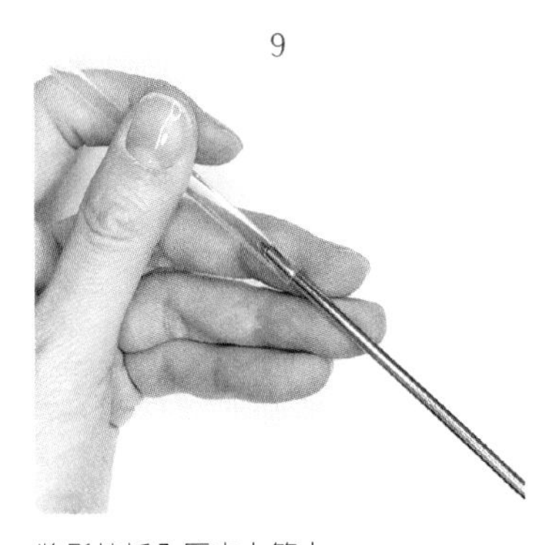

將髮棒插入壓克力管中。

10

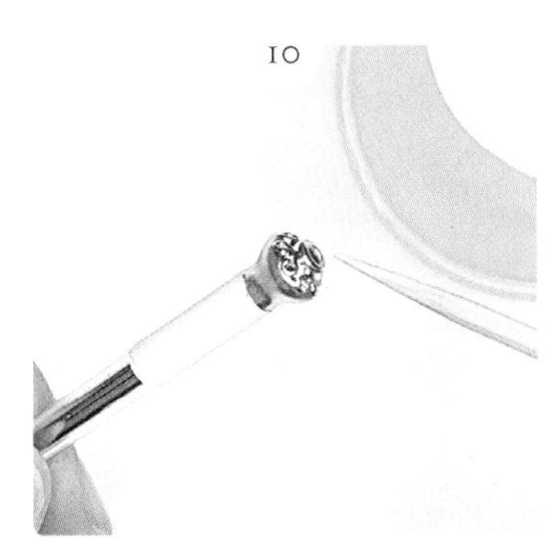

在金屬配件的中心部分沾附大量的樹脂液，照射 UV 燈使其固化。

11

在塗有樹脂液並完成固化的地方擦抹電鍍粉。

12

會形成像這樣的色調。

13

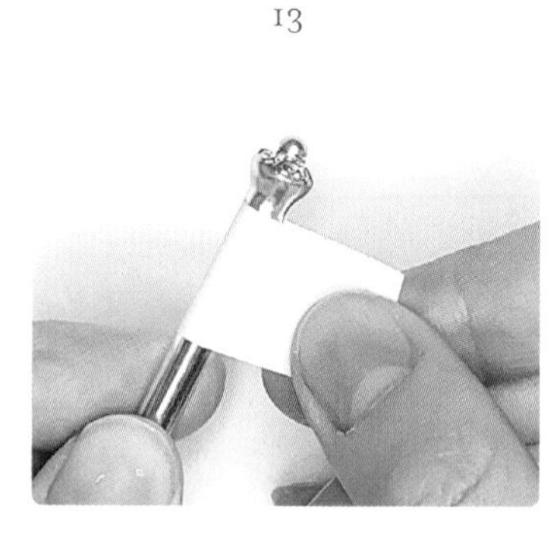

將 5 纏繞上去的遮蓋膠帶撕下。

14

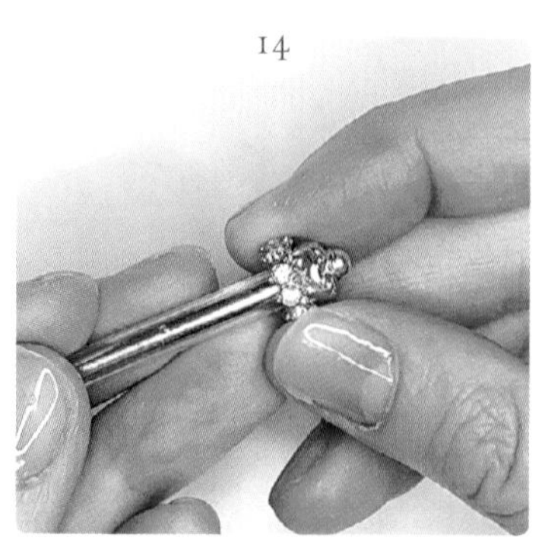

將 Rondel 金屬珠安裝在金屬配件的下方。

15

在金屬配件和 Rondel 金屬珠、壓克力管的間隙沾上樹脂液，照射 UV 燈使其固化。

16

接下來要製作杖頭的部分。將空框放在矽膠墊上，倒入樹脂液至半滿程度，然後用熱風槍加熱消除氣泡。

17

將連接配件放在中心位置，再將安裝在寶石底座的施華洛世奇水晶（中）放在上下左右，照射 UV 燈使其固化。

18

倒入樹脂液。

19

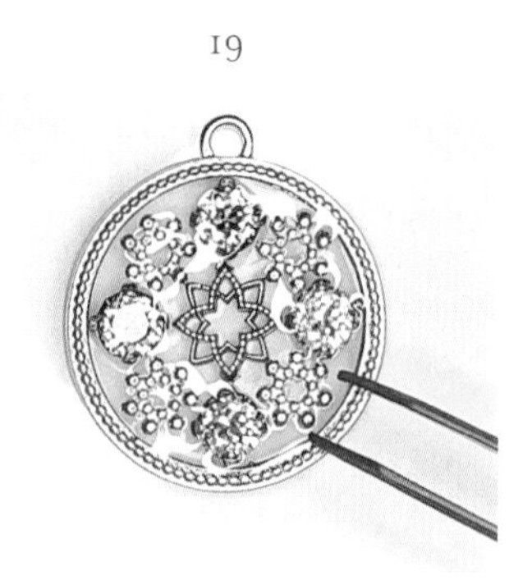

在 4 顆施華洛世奇水晶（中）之間，放上 4 顆金屬串珠。

20

將施華洛世奇水晶（小）放在金屬串珠的上方，照射 UV 燈使其固化。

21

倒入樹脂液，直到覆蓋住所有的配件，照射 UV 燈使其固化。

22

將皇冠配件安裝在與魔杖連接的部位。

23

在皇冠配件和空框的間隙沾上樹脂液，照射 UV 燈使其固化。

24

將 Rondel 金屬珠穿過 15 的魔杖。此時還不要接著固定。

25

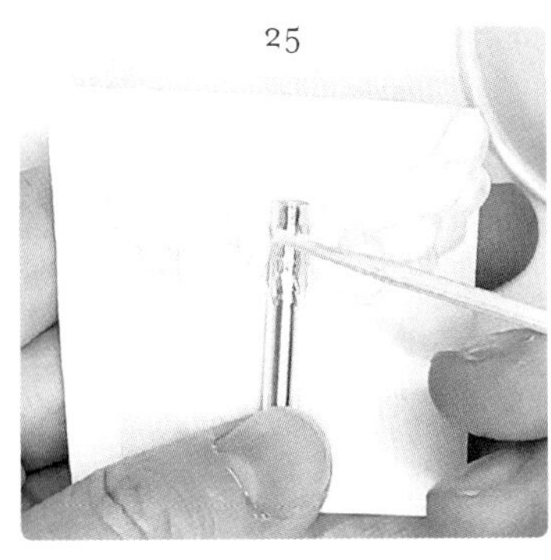

將魔杖放置於遮蓋膠帶的接著面上，然後將翅膀樹脂配件（製作方法請參照第 57~ 60 頁）安裝上去。

26

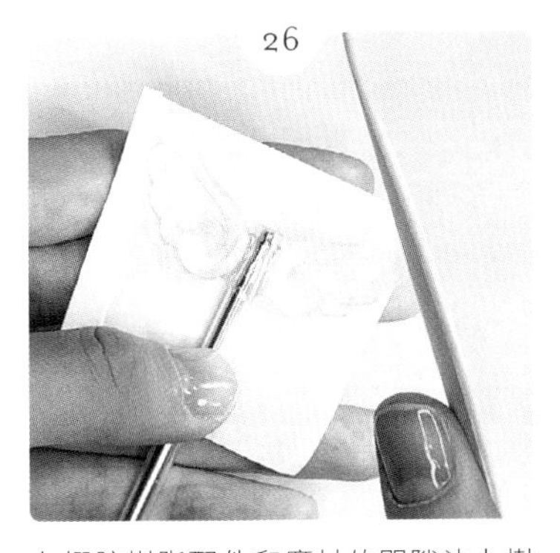

在翅膀樹脂配件和魔杖的間隙沾上樹脂液，照射 UV 燈使其固化。

27

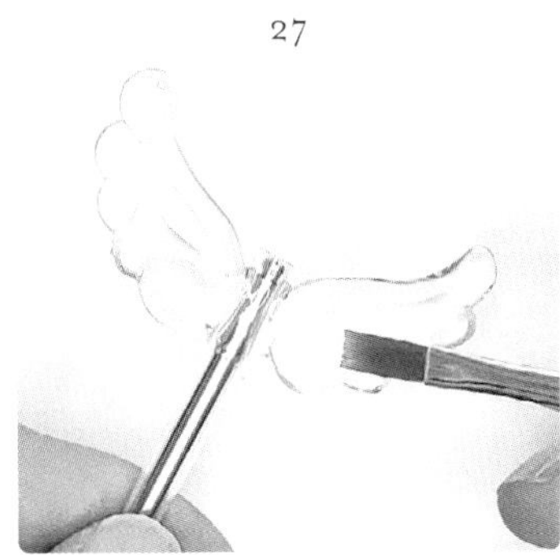

在翅膀樹脂配件整體塗上樹脂液，照射 UV 燈使其固化。

28

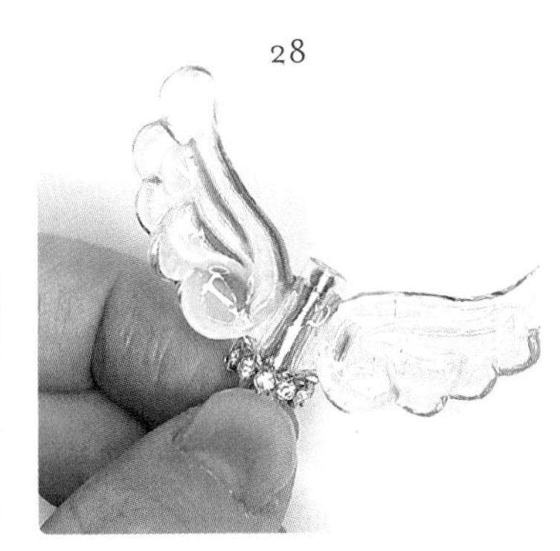

將 24 的 Rondel 金屬珠安裝在翅膀樹脂配件的下方。

29

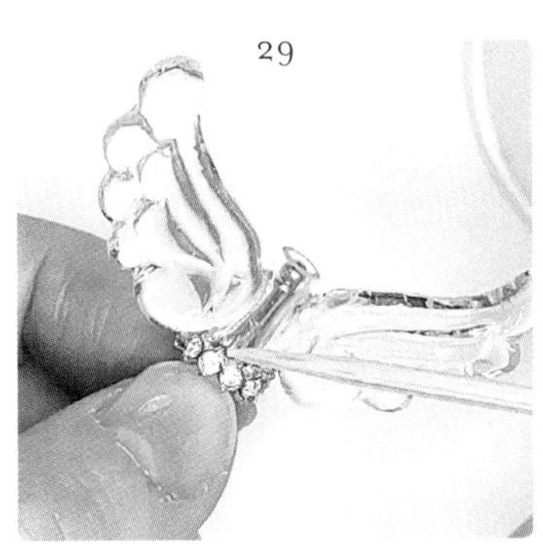

在 Rondel 金屬珠與翅膀樹脂配件的間隙沾上樹脂液，照射 UV 燈使其固化。

30

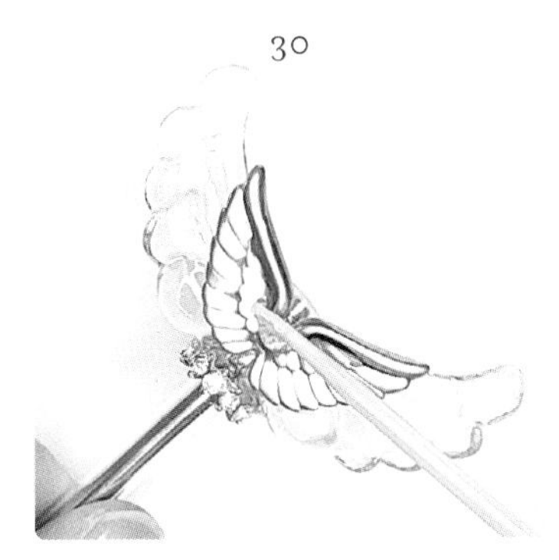

將金屬的翅膀配件安裝在正面。

31

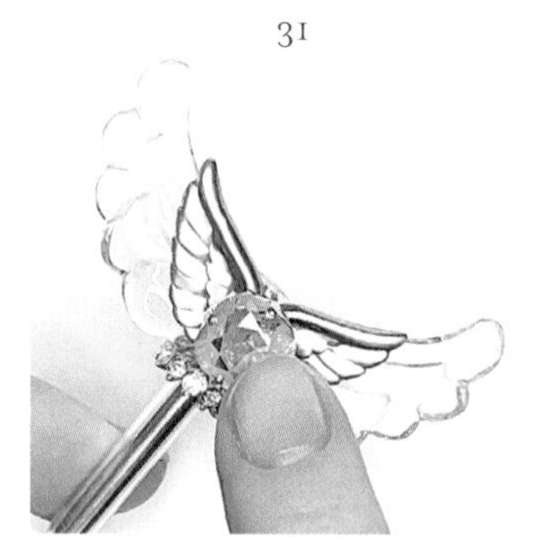

將施華洛世奇水晶（大）安裝在金屬的翅膀配件的中心位置。

32

將 23 安裝上去，在皇冠配件和魔杖的間隙沾上樹脂液，照射 UV 燈使其固化。

33

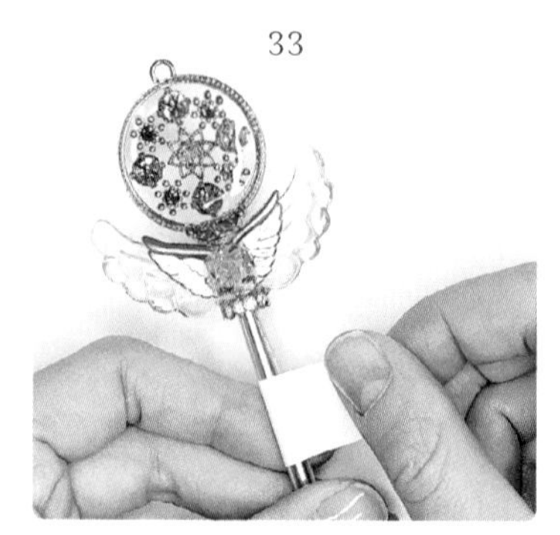

將遮蓋膠帶纏繞在魔杖上。

34

在魔杖纏繞遮蓋膠帶以上的部分塗上樹脂液，再照射 UV 燈使其固化。

35

在塗有樹脂液並完成固化的地方擦塗電鍍粉。

36

在上方再次塗上樹脂液，照射 UV 燈使其固化。

37

撕下遮蓋膠帶後就完成了。

作家的建議
Creator's Comment

改變填充在空框中的裝飾物，就能達到變化組合設計的效果。即使只是改變了施華洛世奇水晶的大小和顏色就能給人一種截然不同的印象，所以請一定要試著製作自己原創設計的魔杖。

插畫家Spin ╳ Caramel*Ribbon

聯名協作作品

Illustration/ Spin
Create / Caramel*Ribbon

*Crescent moon fragment Compact*

## 弦月碎片魔法粉盒

只要凝視著這個粉盒的內部，月光就會悄悄湧上心頭，獲得不輸給夜晚的力量。

這件作品是由插畫家 Spin 設計，由 Caramel*Ribbon 製作而成。

製作方法 第77頁

# 弦月碎片魔法粉盒

## Crescent moon fragment Compact

### 材料 Materials

原型與矽膠模具

- 月亮盈虧的圖像
- 硬蠟片
- 矽膠
- 固化劑

本體

- UV 樹脂液（星之雫 HARD、SOFT/PADICO）
- 樹脂用染色劑（Jewel Blue、Alistique Blue、Abyss Green、Super Black/Resin 道）
- 電鍍粉（Meister Chrome Platinum Zeus /Resin 道）

[ 資材・配件 ]

①粉盒鏡（銀色）
②星形裝飾配件（大）
③星形裝飾配件（中）×2
④星形裝飾配件（小）×4
⑤金屬底托
⑥金屬環圈
⑦銀製月形配件（大）×2
⑧銀製月形配件（小）×2
⑨施華洛世奇水晶（大）×3
⑩施華洛世奇水晶（小）×4
⑪星形飾釘（大）×4
⑫星形飾釘（小）×5
⑬緞帶配件

### 用具 Tools

原型與矽膠模具

- 珠針
- 陶瓷刨刀
- 線鋸
- 油性筆
- 筆刀
- 刻磨機
- 雙面膠帶
- 紙杯
- 剪刀
- 遮蓋膠帶
- 塑膠杯
- 電子秤

本體

- UV 燈
- 竹籤
- 鑷子
- 鑽石銼刀
- 斜口鉗
- 接著劑（Super×2/ 施敏打硬）
- 眼影棒
- 筆刷
- 矽膠模具（半球型 /PADICO）
- 投影片（噴墨印表機用）
- 噴墨印表機
- 剪刀

### 事前準備 Preparation

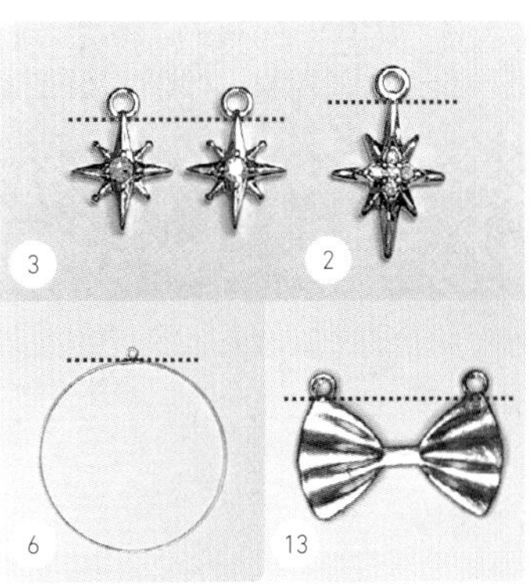


用斜口鉗剪掉紅色虛線部分，再以銼刀整平切斷面。

1

以脱蠟鑄造法製作月亮盈虧配件的底面。在表面塗上樹脂液，照射 UV 燈使其固化。重複這個步驟 2~ 3 次，製作原型。

2

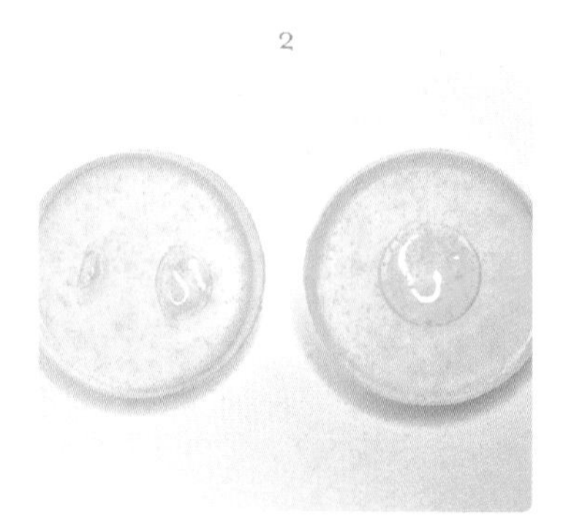

使用 1 的原型，以第 59 頁的方法，製作 3 種不同月亮盈虧配件的矽膠模具。

3

製作中心位置的月亮盈虧配件。倒入樹脂液至模具的一半高度。

4

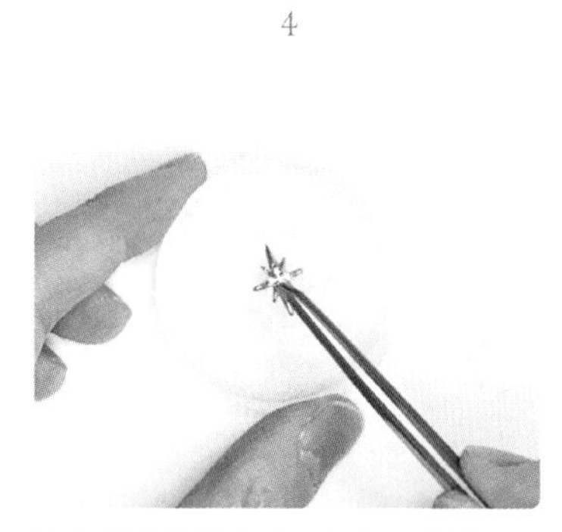

將星形裝飾配件（大）的正面朝下，浸入樹脂液中，照射 UV 燈使其固化。

5

倒入樹脂液至充滿整個模具，照射 UV 燈使其固化。

6

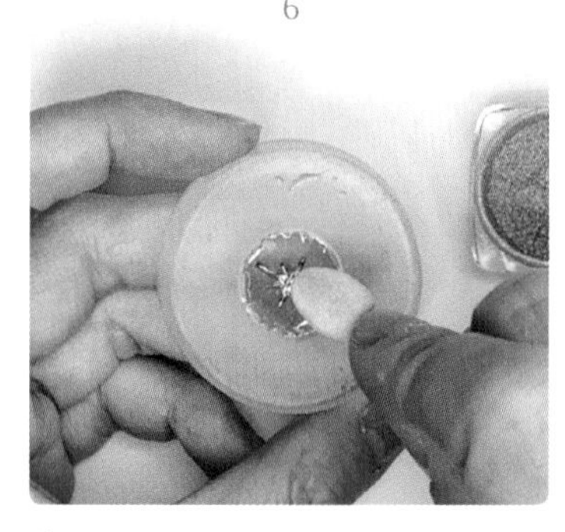

使用眼影棒擦塗電鍍粉。

7

接下來製作兩側邊的月亮盈虧配件。與 2 的步驟相同，先倒入樹脂液至模具半滿的高度。

8

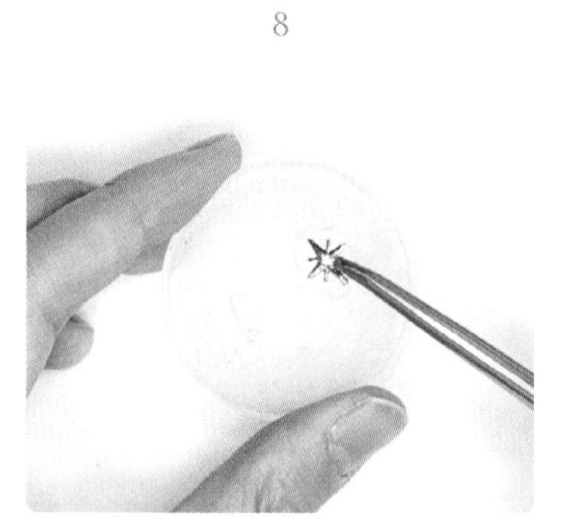

將星形裝飾配件（中）浸入樹脂液，照射UV燈。接下來將以染色劑（Jewel Blue）染色後的樹脂液倒入模具至全滿，再照射 UV 燈使其固化。

9

重覆 7~8 的步驟，製作 2 個月亮盈虧配件。

10

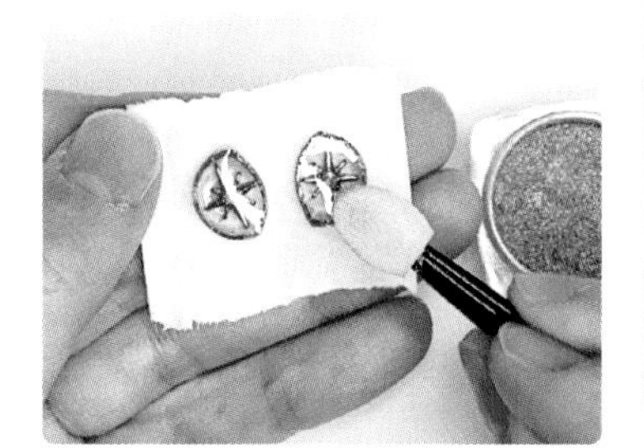

在背面擦塗電鍍粉。

11

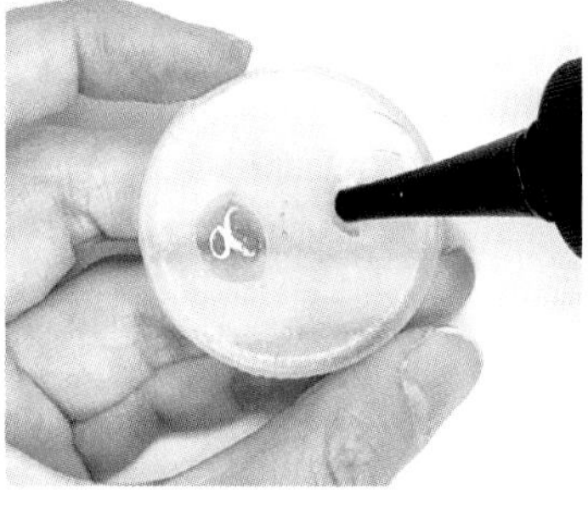

接下來製作小尺寸的月亮盈虧配件。倒入樹脂液至充滿模具。

12

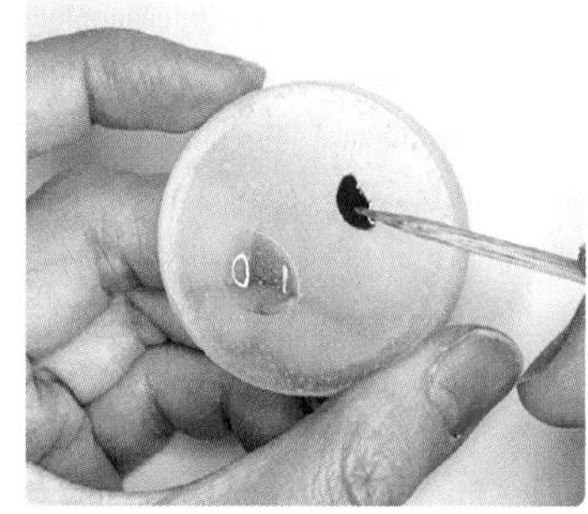

添加染色劑（Alistique Blue）混合在一起。用熱風槍加熱消除氣泡，照射UV燈使其固化。

13

重複 11~12 的步驟，製作 2 個小尺寸月亮盈虧配件。在背面擦塗電鍍粉。

14

將樹脂液倒入金屬底托，照射 UV 燈使其固化。

15

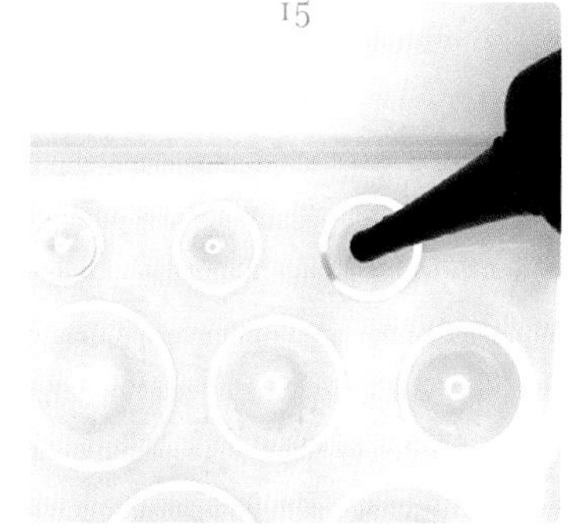

將樹脂液倒入矽膠模具。

16

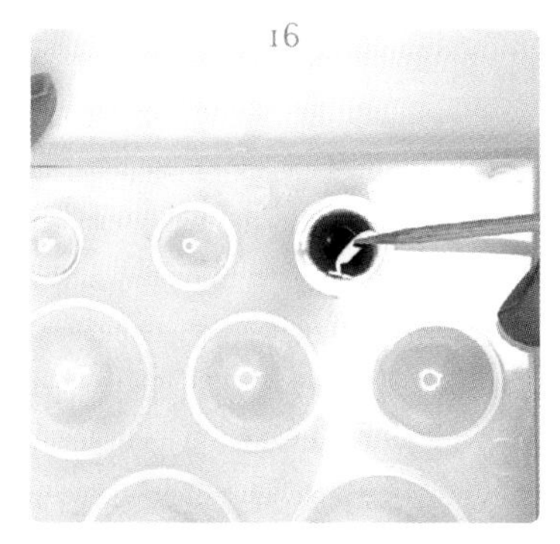

添加染色劑（Alistique Blue）混合在一起。用熱風槍加熱消除氣泡，再照射 UV 燈使其固化。

17

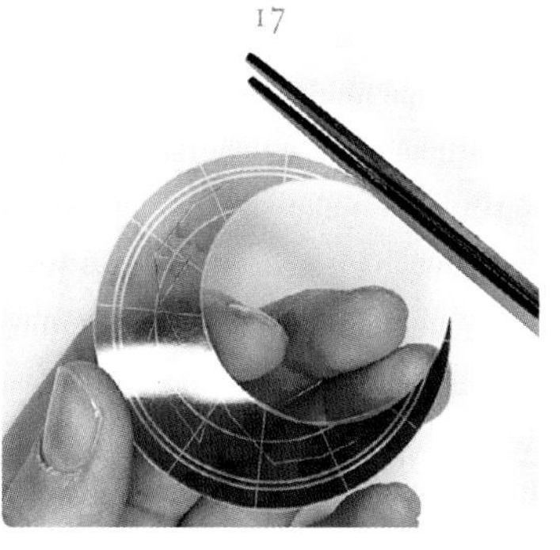

將夜空與星座圖的圖像列印在投影片上，配合粉盒尺寸裁切下來。請注意列印部分如果受到摩擦的話有可能會掉色。

18

將樹脂液（SOFT）倒入粉盒鏡的表面。用熱風槍加熱消除氣泡。

19

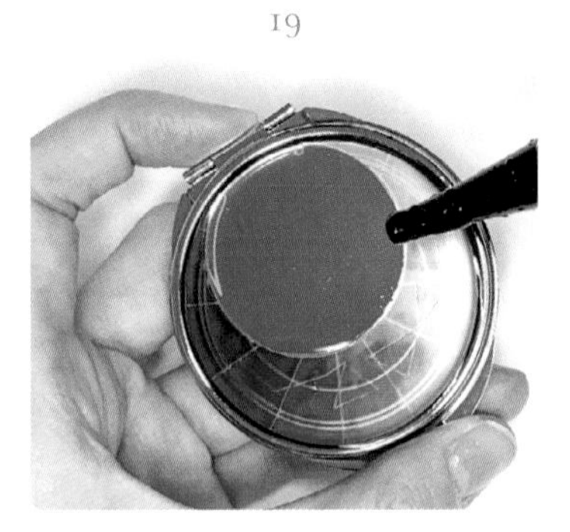

放上17的投影片，照射UV燈使其固化。再一次由上方倒入樹脂液（SOFT）。

20

在預計要放上金屬圈環的部分塗抹樹脂液。

21

放上金屬圈環。

22

在金屬圈環的內側倒入樹脂液。因為很容易溢出外側的關係，作業的重點在於少量謹慎倒入樹脂液。

23

倒入混合之後的各種染色劑。（Alistique Blue、Abyss Green、Super Black）

24

確實消除氣泡，照射UV燈使其固化。

25

進一步在金屬圈環的內側倒入樹脂液，並以筆刷向四周推展至平整。

26

如照片所示，放上9、13的月亮盈虧配件、14的金屬底托、銀色月形配件（大）（小）、星形裝飾配件（小），再照射UV燈使其固化。

27

以接著劑將16的樹脂配件安裝在金屬底托的上方。

28 將施華洛世奇水晶（大）（小）以接著劑安裝在樹脂配件的下方。

29 在金屬圈環的外側倒入樹脂液。

30 用筆刷將樹脂液細心地塗開，避免產生不均勻的狀態。

31 將緞帶的配件放置於金屬底托的正下方。

32 將星形裝飾配件（小）以及星形飾釘（大）（小）放置於緞帶配件的左右，然後照射 UV 燈使其固化後就完成了。

作家的建議 Creator's Comment

● 這次為了能夠忠實呈現 Spin 設計的插圖，因此決定將插圖列印在投影片上使用。如果使用市面上販售的樹脂用墊片（透明片），製作起來會更加簡單。

● 只有在粉盒表面需要使用 SOFT TYPE 的樹脂液。雖然會視所使用的投影片種類不同，狀況也會有所不同，不過在本書的情形，步驟 19 將投影片浸入樹脂液固化時，如果使用 HARD TYPE 的樹脂液的話，會造成投影片翹起，或是形成折皺。

## 草圖設計案

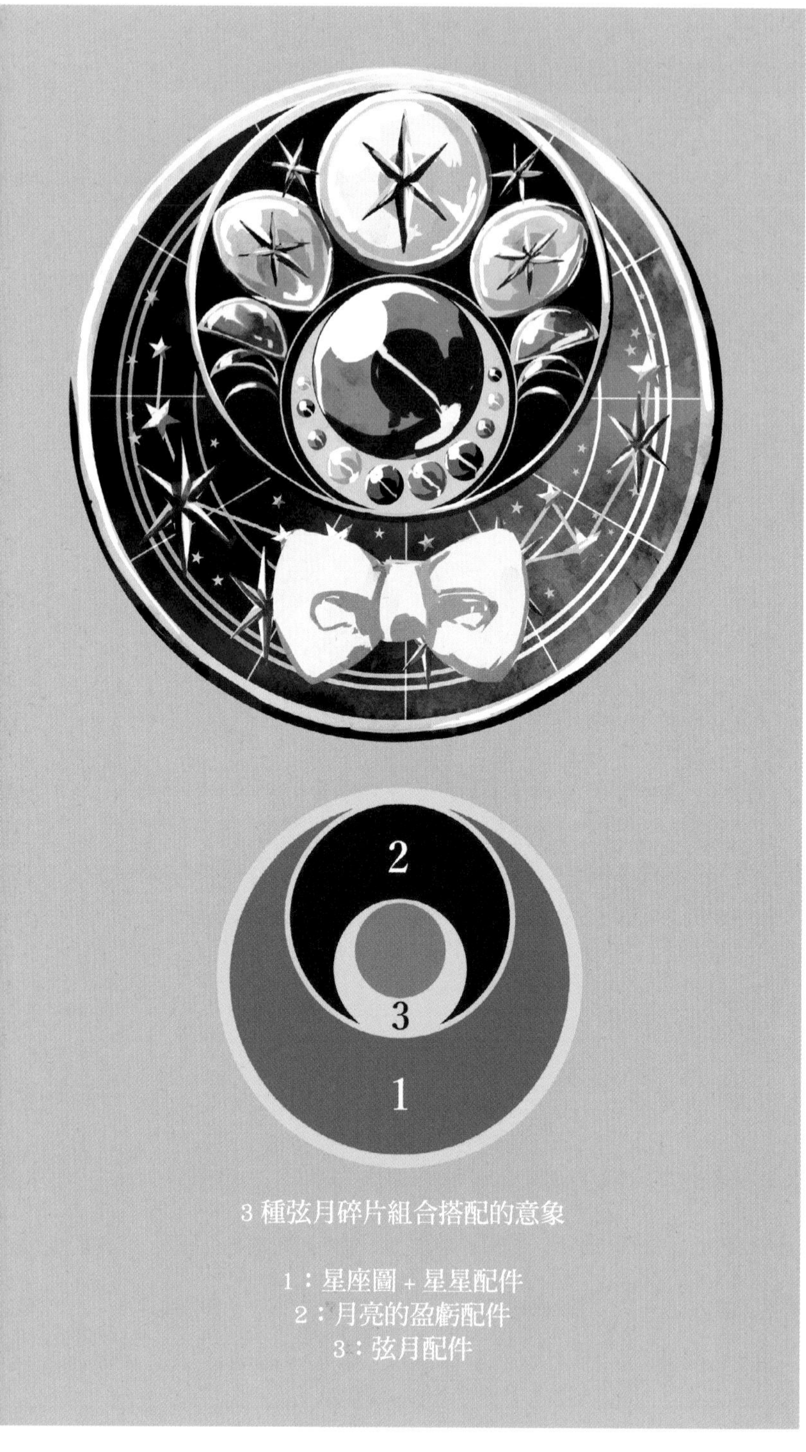


## 另案

魔法少女成年後的書齋

Oriens

*Freja Rod*

## 女神芙蕾雅之杖

這是一支魔法之杖，只能賜給依靠自己的力量開闢道路，完成獨力自主的魔法少女。隱藏在魔石內的力量會與魔杖主人的高貴及強大產生共鳴，足以打破黑暗。

製作方法 第86頁

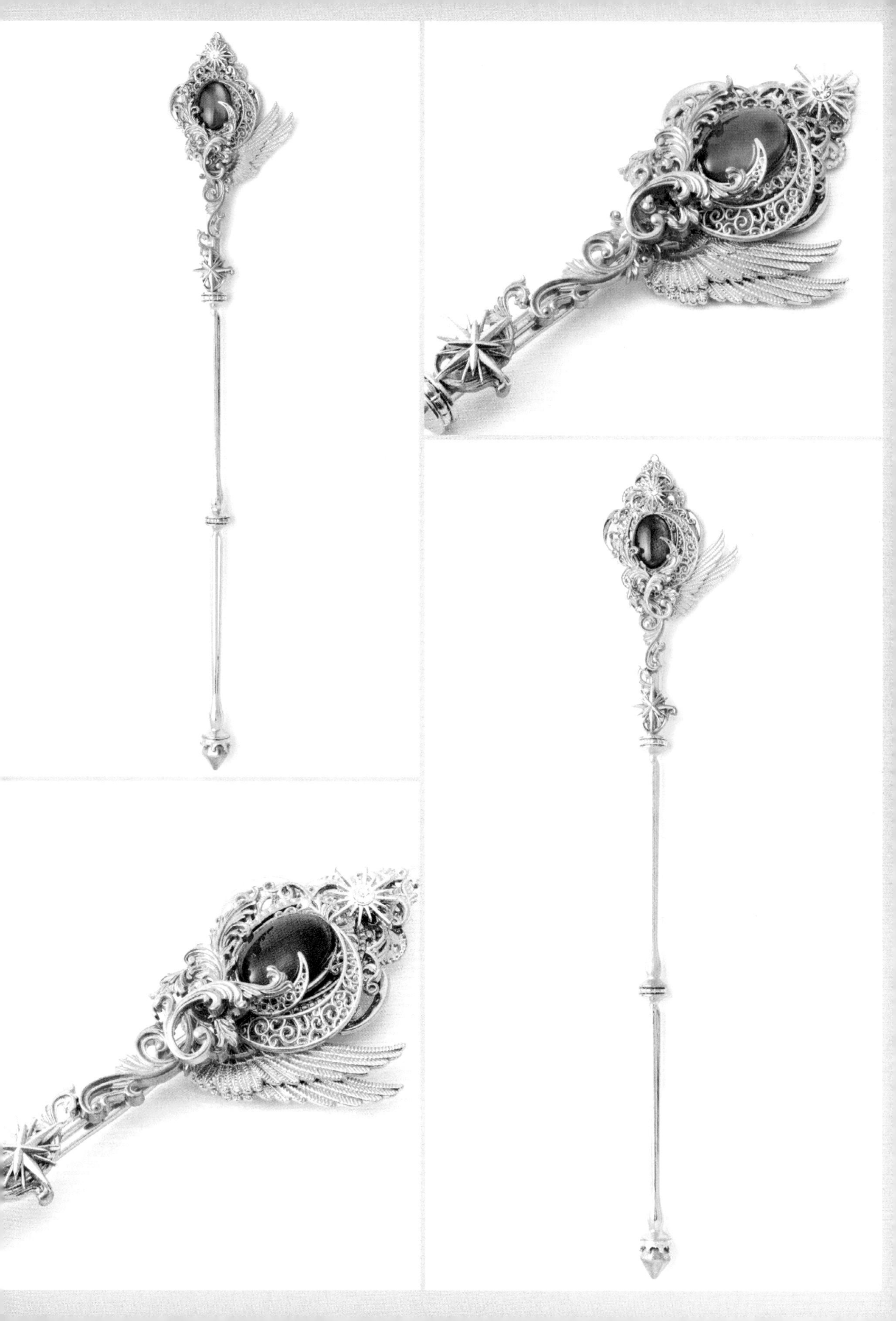

# 女神芙蕾雅之杖

*Freja Rod*

材料 Materials

- UV 樹脂液（星之雫 /PADICO）
- 樹脂用染色劑（寶石之雫 黑 /PADICO）
- 電鍍粉
  （藍：La Plus Chrome Blue/Resin 道、紫：Renie Amulette Rosemary/Crystal Aglaia）
- 環氧樹脂液
  （水晶樹脂 NEO/ 日新 Resin）

[ 配件 ]

①金屬底托（大）
②金屬底托（中）
③玻璃圓凸面寶石
④鑽石形玻璃罩
⑤蛋糕盤支柱
⑥鏤空配件
⑦古董風格配件
⑧附石星形配件
⑨月形配件（大）
⑩月形配件（小）
⑪星形配件
⑫翅膀配件 ×2
⑬皇冠
⑭環形配件 ×2

用具 Tools

- 矽膠杯
- 攪拌棒
- 牙籤
- 棉花棒
- 熱風槍
- UV 燈
- 矽膠模具（3 種類）
- 筆刷
- 脱模劑
- 紙杯
- 電子秤
- 中性洗潔劑
- 底漆（塗裝打底用噴漆）
- 噴漆（金色）
- 接著劑（EXCEL EPO/ 施敏打硬）
- 銼刀
- 斜口鉗
- 剪刀
- 鑷子

事前準備 Preparation

用斜口鉗剪掉紅色虛線部分，再以銼刀整平切斷面。

製作方法 How to Make

1 首先製作中心的有色寶石。在矽膠杯裡放入 UV 樹脂液和染色劑後混合。用熱風槍加熱消除氣泡。

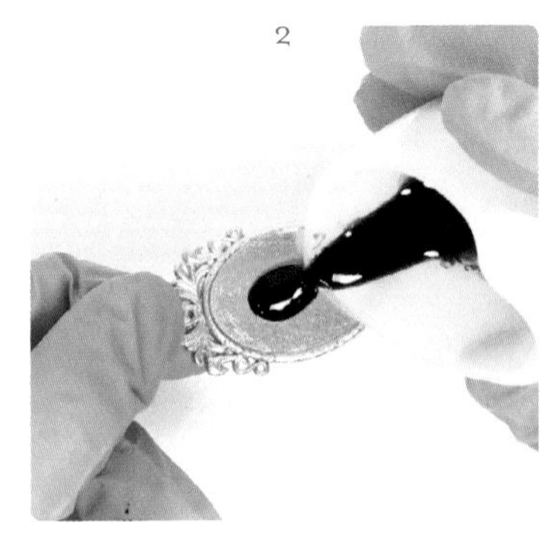

2 倒入金屬底托（中）。

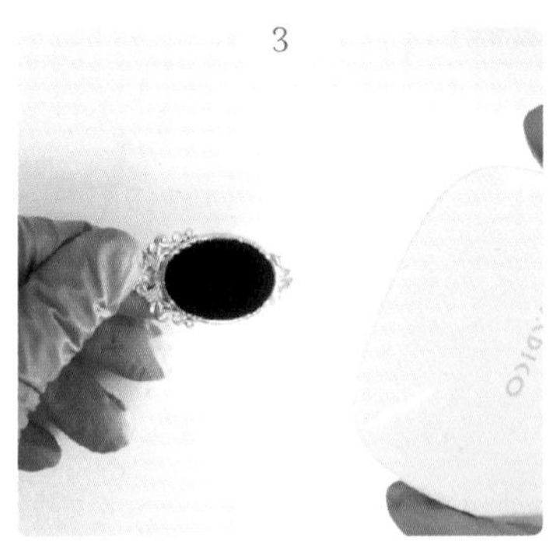

3 照射 UV 燈使其固化。在這之後要放上電鍍粉，所以這裡可以保持有點黏糊糊的程度。

4

把電鍍粉（藍）放在上面，一邊用棉花棒磨擦，一邊將從頂部算來 2/3 的區域染色。

5

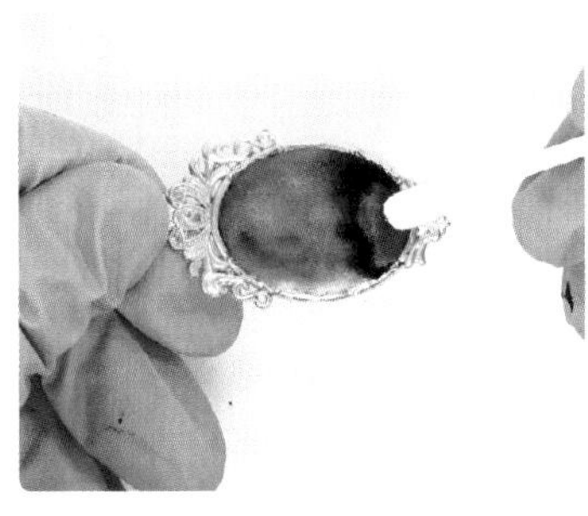

剩下的 1/3 區域是以電鍍粉（紫）來染色，邊界部分要用棉花棒擦拭暈染得模糊一些。

6

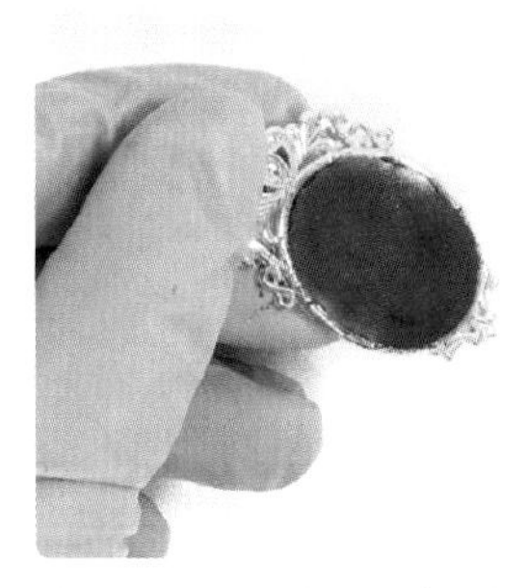

邊界部分經過擦拭暈染後變得漂亮了許多。

7

注入透明的 UV 樹脂液，將表面整平後，用 UV 燈照射使之固化。

8

再加上少量的透明 UV 樹脂液，用牙籤薄薄地擴展到整個表面。

9

放上玻璃圓凸面寶石。

10

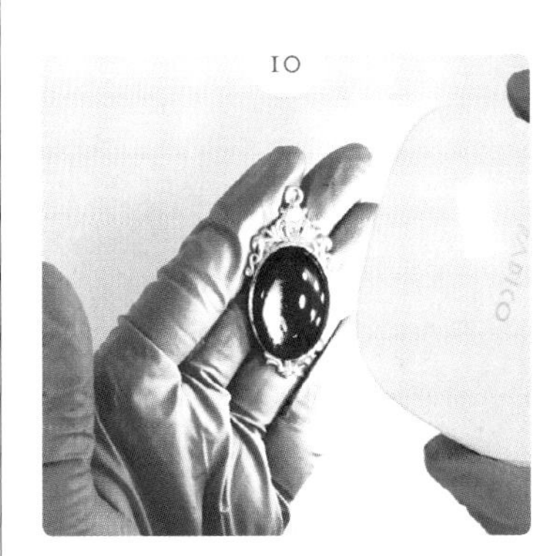

照射 UV 燈使其固化後，有色寶石就完成了。

11

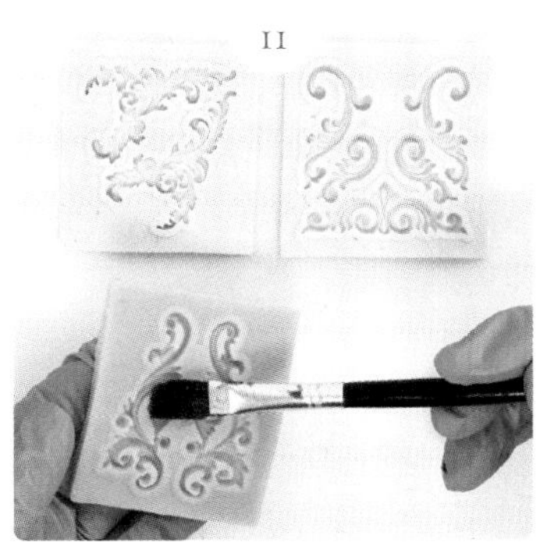

接著要製作裝飾配件。先在 3 種模具上塗抹脫模劑。

12

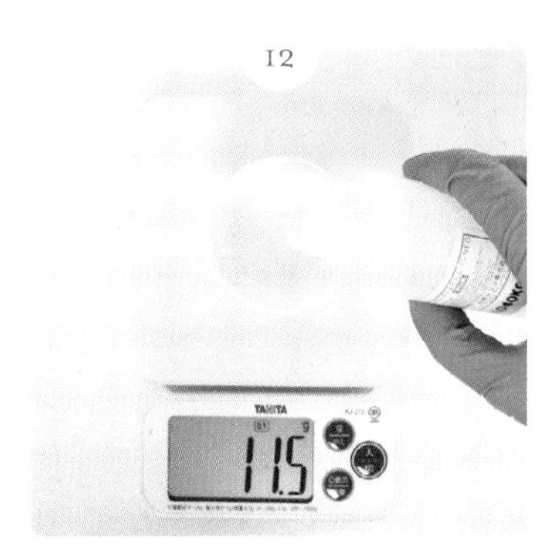


在紙杯內倒入環氧樹脂溶液的主劑 8g，添加固化劑 4g，調製出合計 12g 的樹脂液。

13

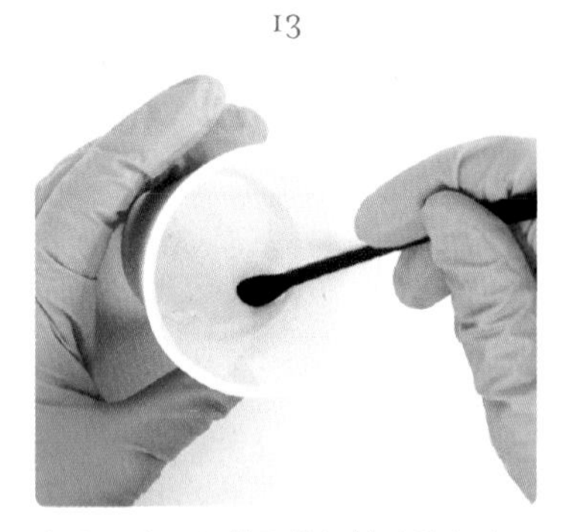

充分混合，用熱風槍加熱消除氣泡。如果不容易看到氣泡的話，放在半透明的矽膠杯裡會比較容易看得清楚。

14

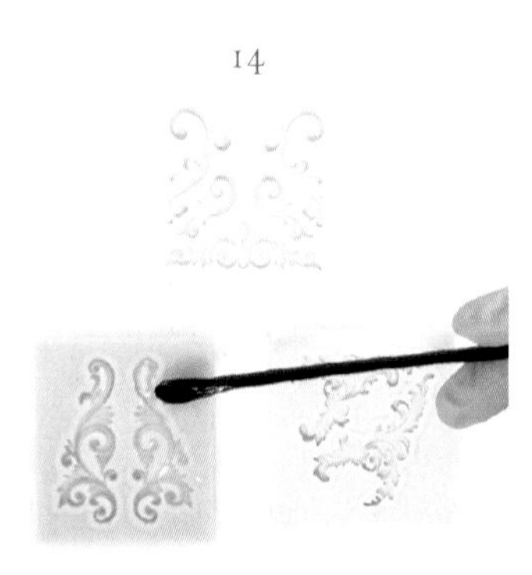

將樹脂液倒入 11 的模具內。用牙籤挑出埋藏在底部的氣泡，當氣泡浮出表面後，用熱風槍加熱消除氣泡。

15

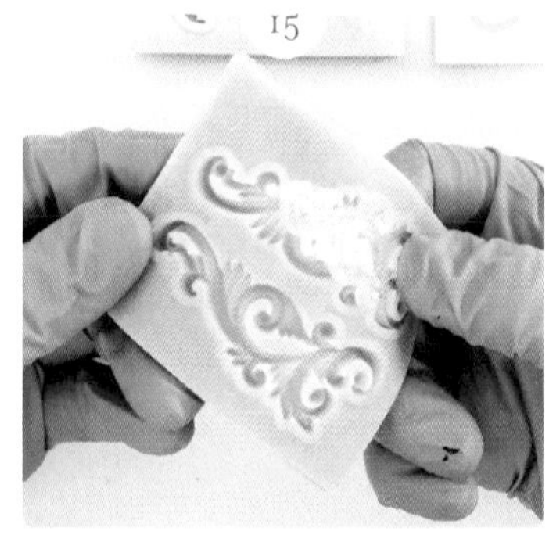

放置 24~48 小時左右使其固化後，從模具拿出來。若發現有毛邊的話，用剪刀等用具清除，再用中性洗潔劑把脫模劑洗乾淨。

16

將從模具拿出來的裝飾配件與鑽石形玻璃罩噴上底漆（塗裝打底用噴漆），待其乾燥。另一面也進行同樣的處理。

17

當底漆乾後，噴上金色噴漆，再待其乾燥。另一面也進行同樣的處理。

18

裝飾配件完成了。

19

將鏤空配件以接著劑安裝在蛋糕盤支柱（A）的裝飾部分。※ 之後的製作過程中，所有配件的黏著固定都是使用接著劑。

20

將金屬的底托（中）安裝在金屬底托（大）上方。

21

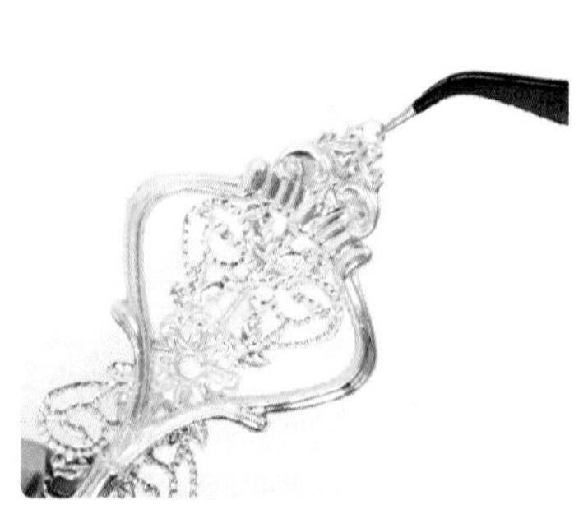

在 19 的表面、上部安裝古董風格配件。

將 20 貼上。

在有色寶石的正上方安裝一顆附石星形配件。

在有色寶石的右側安裝月形配件（大）。

在 24 的月形配件的內側安裝月形配件（小）。

將 18 的配件❶安裝在月形配件（大）的下方。

將 18 的配件❷安裝在下部。

將 18 的配件❸安裝在有色寶石的左下。

將 18 的配件❹安裝在有色寶石的下方。

將星形配件安裝在本體的下部。

31

將翅膀配件以插入的方式安裝在黏貼於本體與 19 的鏤空配件之間。

32

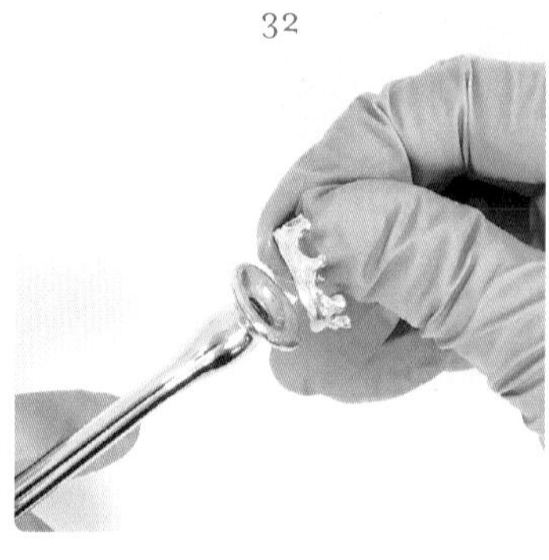

將皇冠配件安裝在蛋糕盤支柱（C）的底部。

33

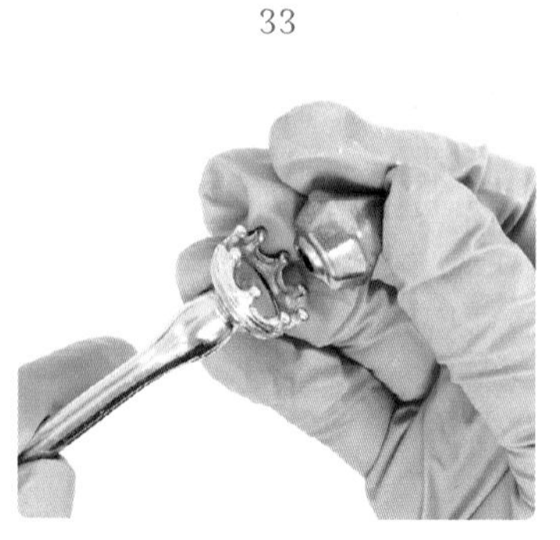

在皇冠配件的突起內側塗抹接著劑，將 18 的配件**5**安裝上去。

34

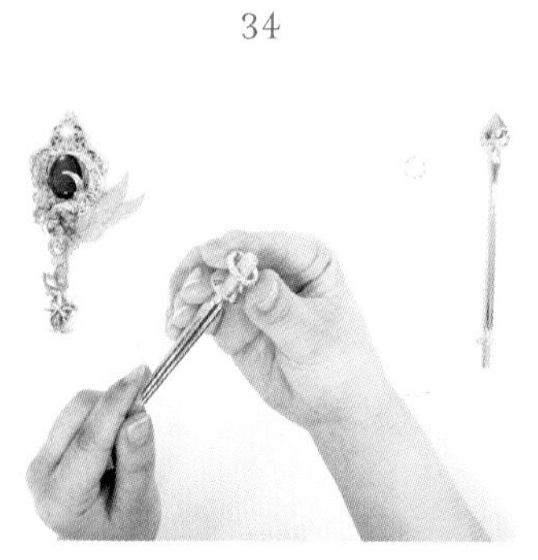

將造型環形配件鑲嵌在蛋糕盤支柱（B）的連接部分。

35

將蛋糕盤支柱（A）（B）（C）組合起來後就完成了。

## 色彩變化組合 *Color Variation*

左：紅色版本
樹脂用染色劑：寶石之雫 黑（PADICO）
電鍍粉：Meister Chrome Salamander Red（Resin 道）

右：紫色版本
樹脂用染色劑：寶石之雫 黑（PADICO）
電鍍粉：Meister Chrome Artemis Purple（Resin 道）

Oriens

*Serena Pact*

## 聖月璀璨魔法粉盒

受到月亮持護的魔法粉盒。經過了漫長的時光，與魔法少女一起成長茁壯，直到現在的狀態。當有強烈想要保護某人的念頭出現，魔法粉盒便會與這種心情同步，讓持有者變身為閃耀的魔法少女。

製作方法 第93頁

# 聖月璀璨魔法粉盒

*Serena Pact*

材料 Materials

- 粉盒本體
- 環氧樹脂液；（水晶樹脂 NEO/ 日新 Resin）
- UV 樹脂液（星之雫 /PADICO）
- 樹脂用染色劑（Asteria Color Alistique Blue/Resin 道）
- 電鍍粉（La Plus Chrome Blue/Resin 道）
- 雷射亮片（La Plus Fantasy Blue/Resin 道）

[ 粉盒表面的配件 ]
①金屬底托（大）
②附把手鏤空配件
③施華洛世奇水晶（八角形）
④菱形鏤空配件 ×2
⑤水滴形古董風格配件
⑥古董風格配件（A）×2
⑦古董風格配件（B）
⑧古董風格配件（C）×2
⑨古董風格配件（D）×2
⑩翅膀配件
⑪菱形配件（小）
⑫星形配件（小）
⑬環形配件（小）×2
⑭環形配件（中）×2
⑮環形配件（大）×2
⑯圓形鏤空配件
⑰附石星形配件
⑱附石菱形配件 ×2
⑲欖尖形寶石 ×2
⑳施華洛世奇水晶（黏貼型）×2

[ 粉盒內部的配件 ]
㉑特大鏤空配件
㉒圓形造型裝飾配件
㉓圓形鏤空配件
㉔星形配件（大）
㉕環形配件（中）
㉖環形配件（小）
㉗施華洛世奇水晶（鑽石切割）
㉘花托
㉙附石菱形配件

用具 Tools

- 矽膠杯
- 攪拌棒
- 牙籤
- 棉花棒
- 熱風槍
- UV 燈
- 電子秤
- 矽膠模具（哥德風、月形）
- 筆刷
- 脱模劑
- 紙杯
- 中性洗潔劑
- 底漆（塗裝打底用噴漆）
- 噴漆（金色）
- 接著劑（EXCEL EPO、高品質模型用 / 施敏打硬）
- 銼刀
- 斜口鉗
- 剪刀
- 鑷子
- 遮蓋膠帶

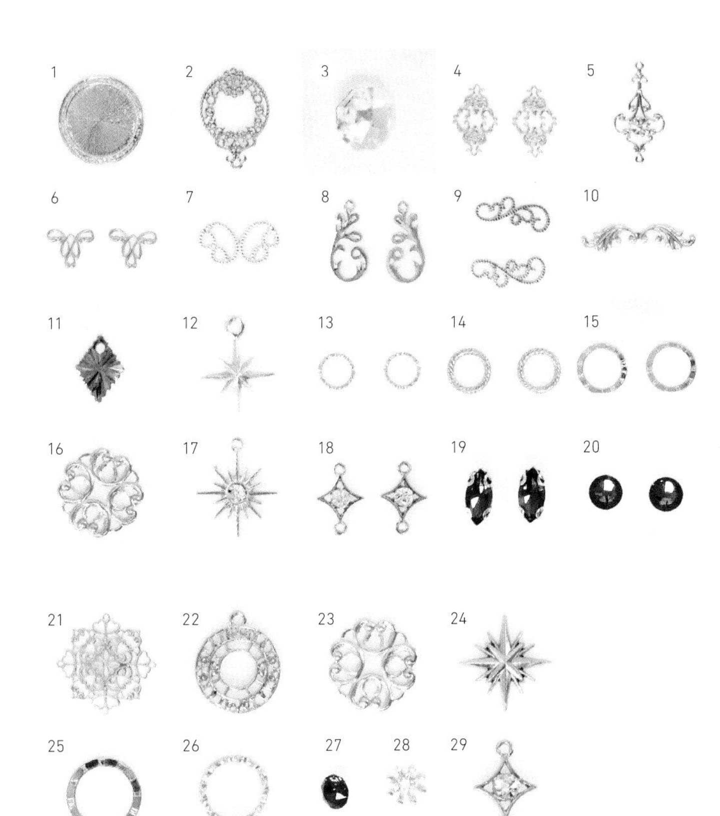

● 粉盒表面的裝飾

事前準備 Preparation

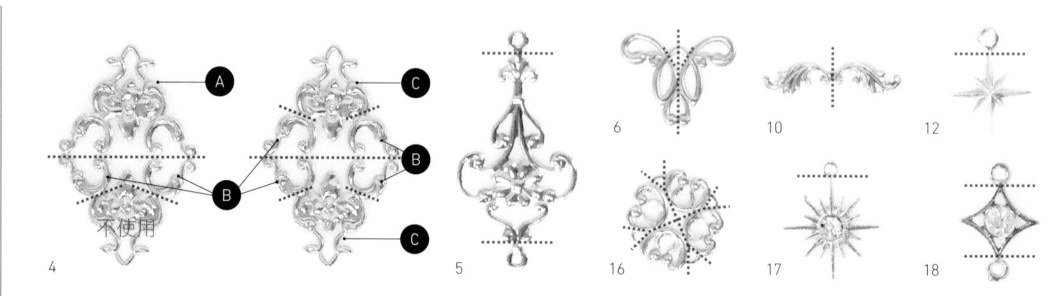


用斜口鉗剪掉紅色虛線部分，再以銼刀整平切斷面。

製作方法 How to Make

1 首先要製作樹脂裝飾配件。將脫模劑塗在哥德風模具上。

2 在環氧樹脂液主劑 8g 中添加固化劑 4g，調製成合計 12g 的樹脂液。充分混合後，用熱風槍加熱消除氣泡。

3 將樹脂液倒入哥德風模具與月形模具。由於月形模具後續還要追加染色樹脂液，所以樹脂液只要倒至 9 分滿即可。

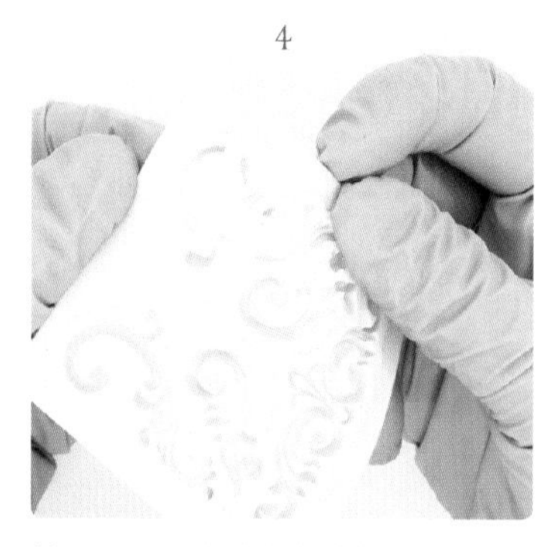

4 放置 24~48 小時左右使其固化後，只取出哥德風模具的樹脂。若有毛邊的話用剪刀等工具修平，再以中性洗潔劑洗掉脫模劑。

5 將自模具取出的裝飾配件噴上底漆（塗裝打底用噴漆）後待其乾燥。另一面也進行同樣的作業。

6 當底漆乾燥後，噴上金色的噴漆再待其乾燥。另一面也進行同樣的作業。

7

將 UV 樹脂液倒入矽膠杯，添加染色劑和雷射亮片後充分攪拌混合。再用熱風槍加熱消除氣泡。

8

將在 3 以透明樹脂液倒至 9 分滿的月形模具，再倒入 7 的 UV 樹脂液，照射 UV 燈使其固化。

9

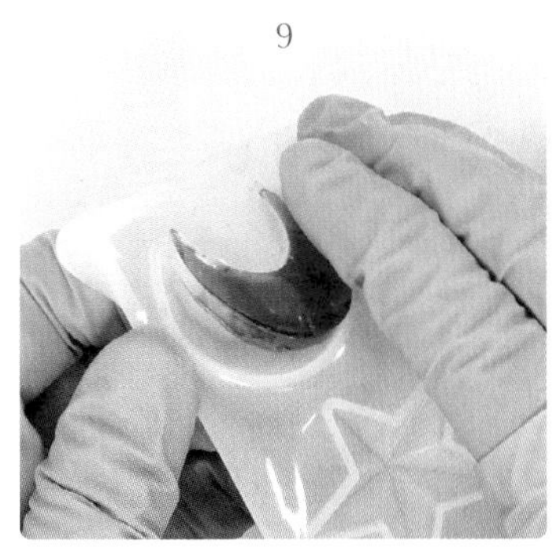

完全固化後自模具取出。如果難以取出的話，只要滴入一些樹脂清潔劑即可。

10

將附把手鏤空配件以接著劑安裝至金屬底托（大）。※後續步驟的所有配件的接著都是使用接著劑（EXCEL EPO）。

11

將 9 的月形配件安裝上去。

12

將施華洛世奇水晶（八角形）安裝在附把手鏤空配件的中心位置。

13

將 12 安裝在粉盒上。此時，12 與粉盒之間挾著一個菱形鏤空配件Ⓐ。菱形鏤空配件的接著是使用高品質模型用接著劑。

14

將水滴形古董風格配件以高品質模型用接著劑安裝固定。※後續步驟的所有配件的接著都是使用高品質模型用接著劑。

15

將古董風格配件（C）左右對稱安裝上去。

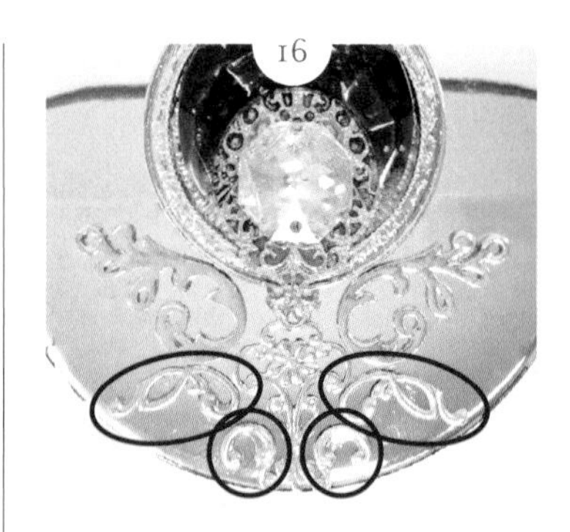


將古董風格配件（A）與菱形鏤空配件Ⓑ都各自左右對稱安裝上去。

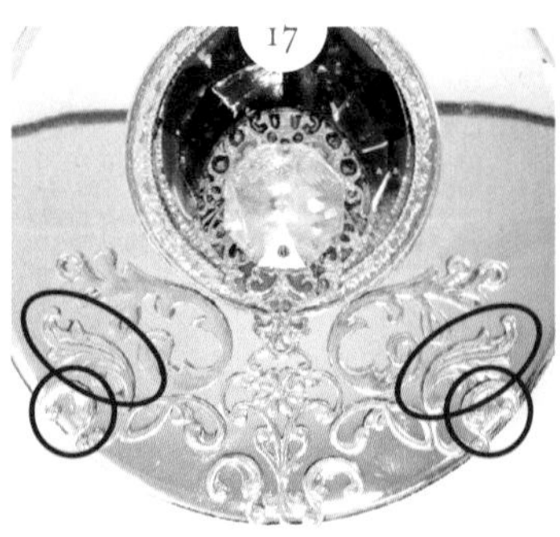


將翅膀配件與菱形鏤空配件Ⓑ都各自左右對稱安裝上去。

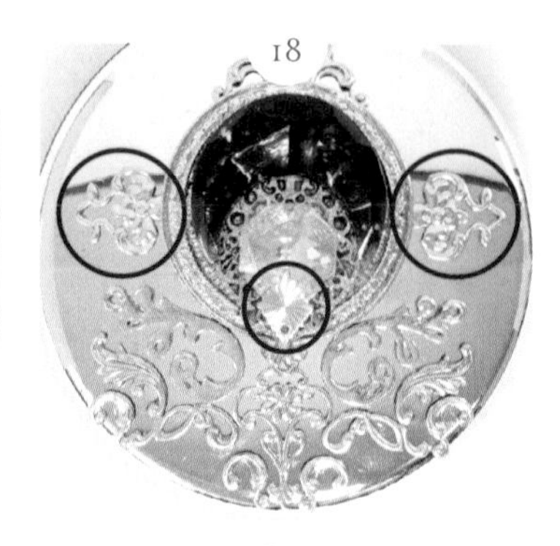


將菱形鏤空配件Ⓒ左右對稱安裝在月亮的左右，並將菱形配件（小）安裝在施華洛世奇水晶（八角形）的下部。

在 18 安裝完成的菱形配件（小）下部安裝一個星形配件（小）。

將環形配件（小）與古董風格配件（D）各自左右對稱安裝上去。

將圓形鏤空配件與菱形鏤空配件Ⓑ各自左右對稱安裝上去。

將古董風格配件（A）與環形配件（中）各自左右對稱安裝上去。

將環形配件（大）左右對稱安裝上去，並在水滴形古董風格配件的上方安裝古董風格配件（B）。

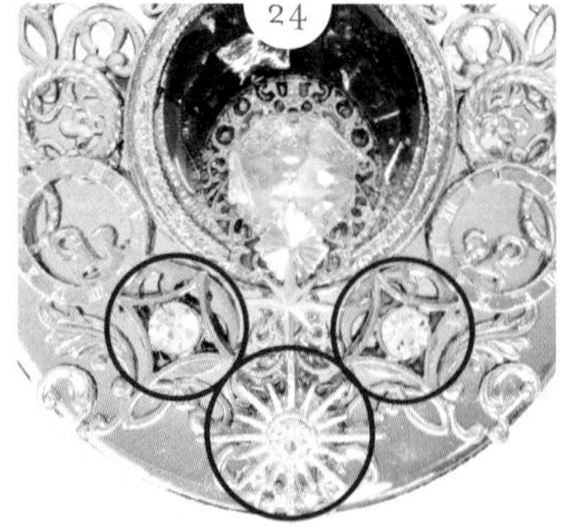


將附石菱形配件左右對稱安裝上去，並在古董風格配件（B）的下方安裝附石星形配件。

25

將欖尖形寶石與施華洛世奇水晶（黏貼型）各自左右對稱安裝上去。

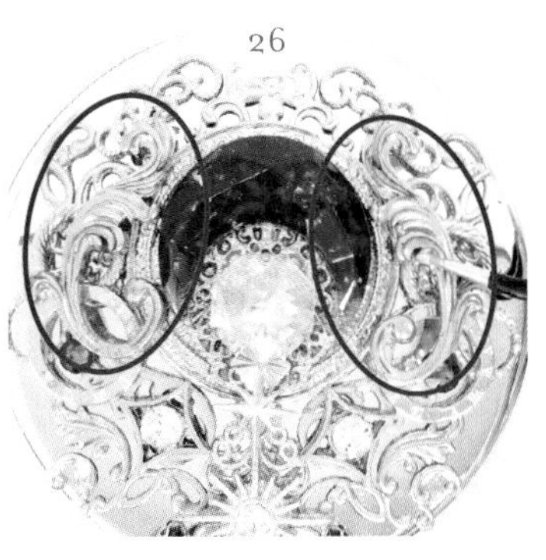
26

最後將 6 的裝飾配件安裝上去，粉盒的表面就完成了。

作家的建議 Creator's Comment

在粉盒表面黏貼安裝配件時，使用的都是高品質模型用接著劑（施敏打硬）。因為是需要一些時間才能固化的接著劑類型，所以在黏貼後仍然可以移動配件的位置進行調整。另外一個特色是只要還沒有固化前，都可以將其擦拭乾淨。

● 粉盒裡面的裝飾

事前準備 Preparation

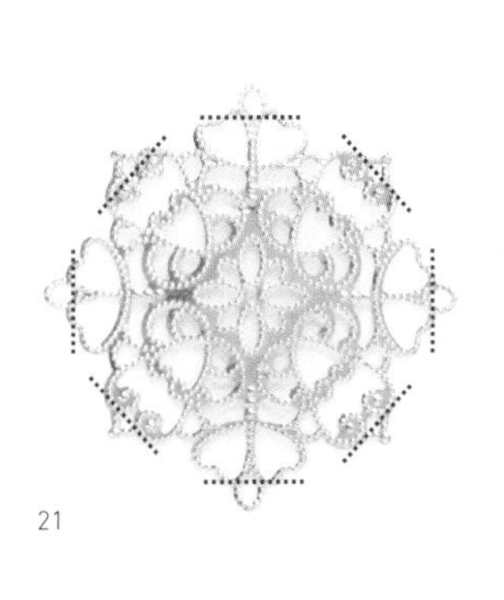
21

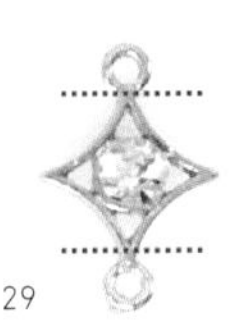
22
29

用斜口鉗剪掉紅色虛線部分，再以銼刀整平切斷面。

製作方法 How to Make

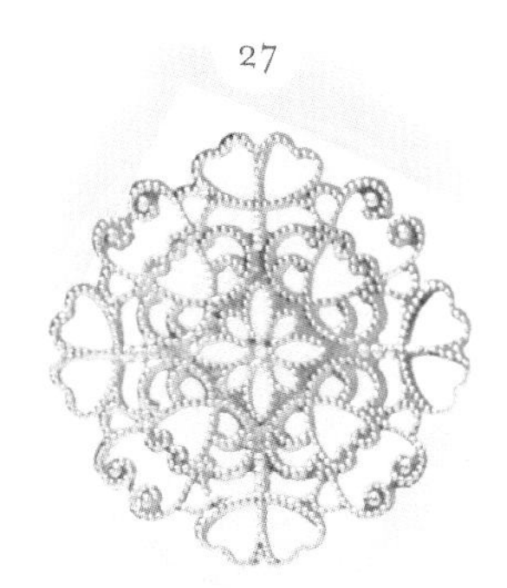
27

製作粉盒的內部。先在特大鏤空配件的表面黏貼遮蓋膠帶。

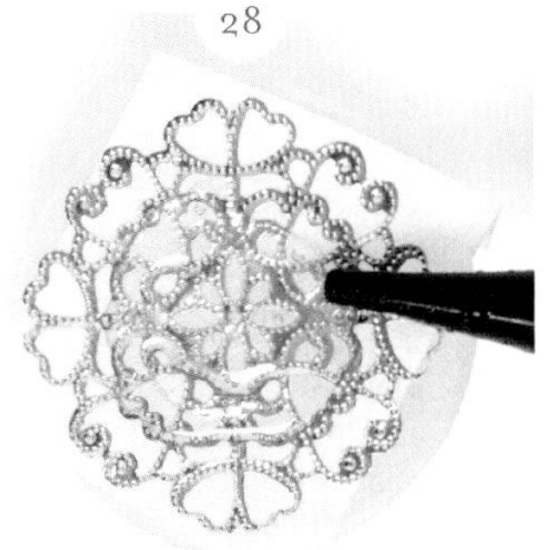
28

讓透明 UV 樹脂液流滿整個配件，再照射 UV 燈使其固化。

29

將染成藍色的 UV 樹脂液倒在特大鏤空配件上方，使其遍佈整個配件。

30

照射 UV 燈使其固化。在這之後要塗上電鍍粉，所以要保留一些黏乎乎的程度。

31

塗上電鍍粉，用棉花棒一邊擦塗，一邊擴展到整個配件。

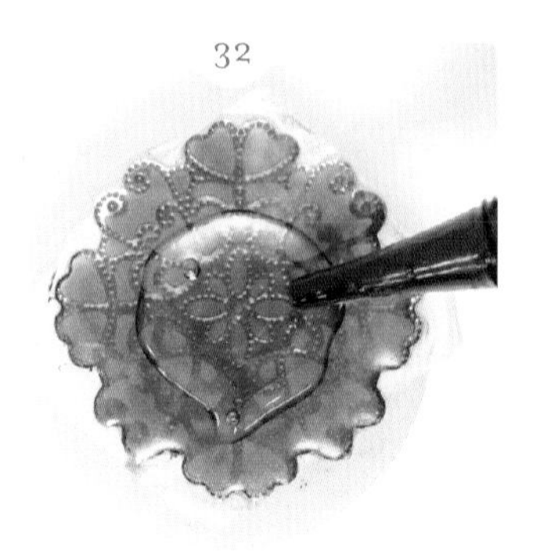

32

電鍍粉固定後，再一次從上方倒入透明 UV 樹脂液，使之遍佈本體。

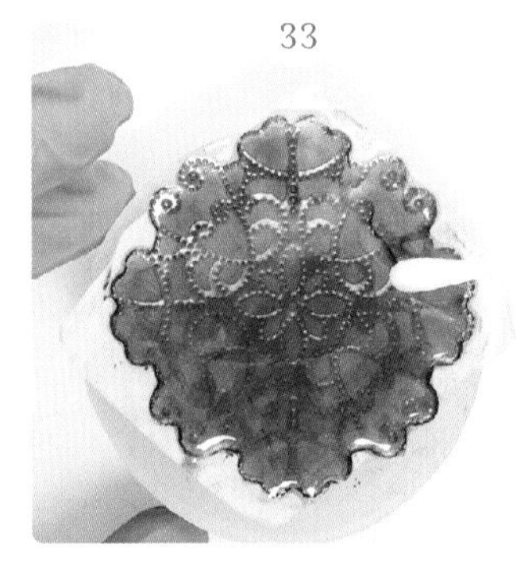

33

用牙籤的話，會把電鍍粉刮掉，所以要使用棉花棒或是矽膠攪拌棒將樹脂液塗抹在整體上。

34

照射 UV 燈使其固化。

35

撕下遮蓋膠帶，將沒有附著電鍍粉的那一面也倒入透明 UV 樹脂液，使其遍佈整體。再照射 UV 燈使其固化。

36

將附著了電鍍粉的背面塗上接著劑（EXCEL EPO），黏貼在粉盒裡面。

37

黏貼固定在粉盒裡面的狀態。

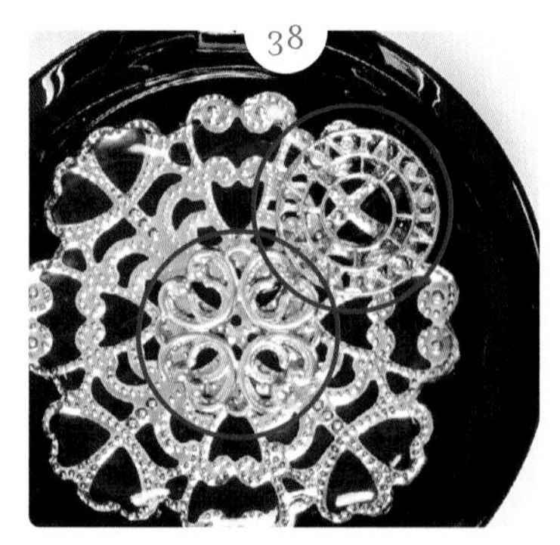

38

在右上安裝圓形造型裝飾配件；中心位置安裝圓形鏤空配件。※ 後續步驟的所有配件接著都使用接著劑（EXCEL EPO）。

在中心位置的圓形鏤空配件的上方安裝星形配件（大）。

在左下安裝環形配件（中），在右上圓形造型裝飾環的上方安裝一個花托。

在花托的上方安裝施華洛世奇水晶（鑽石切割）。

將環形配件（小）安裝在環形配件（中）的右上方。

在環形配件（中）的上方安裝一個附石菱形配件。

在環氧樹脂液的主劑 8g 中添加固化劑 4g，調製成合計 12g 樹脂液。充分混合後，用熱風槍加熱消除氣泡。

慢慢地將樹脂液倒入粉盒中，直到將特大鏤空配件整個浸泡為止。放置 24~48 小時，待其固化後就完成了。

色彩變化組合 *Color Variation*

樹脂用染色劑：Wizard Color Blood Red（Resin 道）
電鍍粉：Meister Chrome Salamander Red（Resin 道）

樹脂用染色劑：寶石之雫 紫色（PADICO）
電鍍粉：Meister Chrome Artemis Purple（Resin 道）

Oriens

# *Stella Chalice*

## 星之聖杯

聚集了星光的聖杯。在漫長的歲月裡沐浴星光，蘊藏著魔法的力量。能夠讓變身後的魔法少女能力增幅放大的魔法道具。

製作方法 第102頁

# 星之聖杯

*Stella Chalice*

材料 Materials

- 環氧樹脂液（水晶樹脂 NEO/ 日新 Resin）
- UV 樹脂液（星之雫 /PADICO）
- 樹脂用染色劑（寶石之雫 藍色、藍綠色 /PADICO）
- 玻璃塗料（藍色）

[ 資材、配件 ]
①燭台
②附蓋水果盤（只使用水果盤的部分）
③翅膀配件（大）×2
④翅膀配件（小）×2
⑤珠帽
⑥皇冠（大）
⑦皇冠（小）
⑧金屬底托（大）
⑨環形配件（大）
⑩造型環形配件（A）
⑪造型環形配件（B）
⑫五芒星形配件
⑬特大鏤空配件
⑭雙層鏈子
⑮附石星形配件
⑯星形配件（小）×2
⑰〇圈 ×3
⑱ C 圈 ×3

用具 Tools

- 矽膠杯
- 攪拌棒
- 牙籤
- 棉花棒
- 熱風槍
- UV 燈
- 矽膠模具（哥德風模具 2 種、水晶模具）
- 筆刷
- 脫模劑
- 紙杯
- 電子秤
- 中性洗潔劑
- 底漆（塗裝打底用噴漆）
- 噴漆塗料（金色）
- 接著劑（EXCEL EPO/ 施敏打硬）
- 銼刀
- 斜口鉗
- 剪刀
- 鑷子
- 圓口鉗

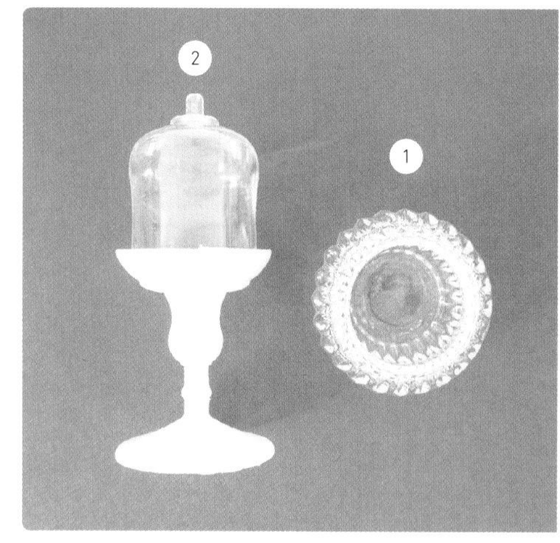


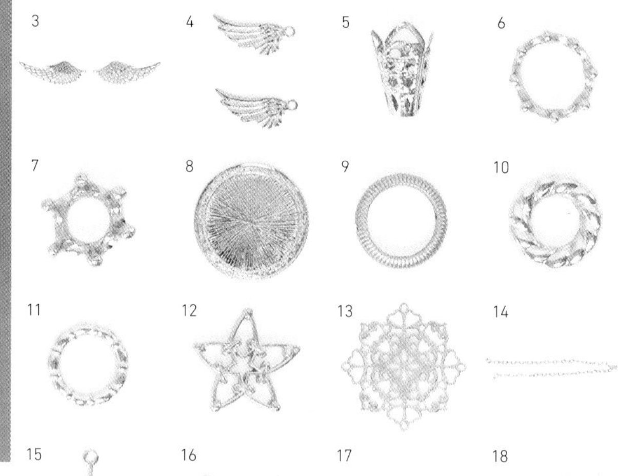

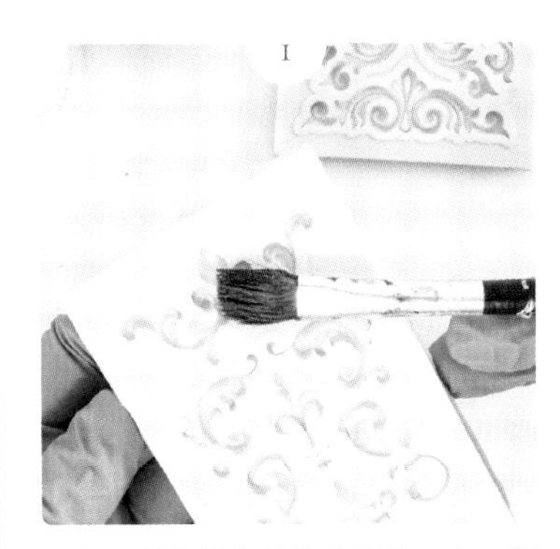


首先要製作樹脂的裝飾配件。在 2 種哥德風模具上塗抹脫模劑。

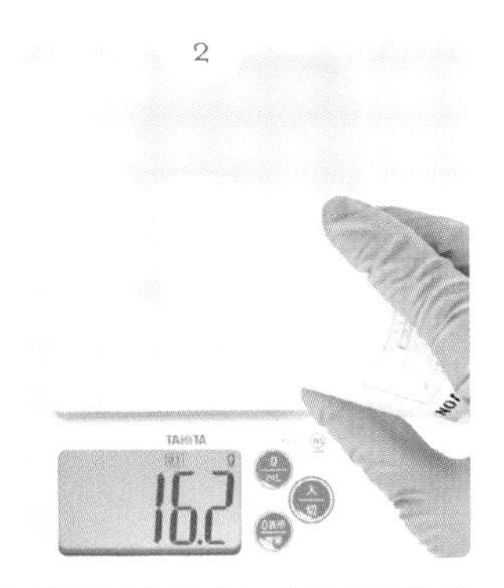


在環氧樹脂液主劑 12g 中添加固化劑 6g，調製成合計 18g 的樹脂液。充分混合後，用熱風槍加熱消除氣泡。

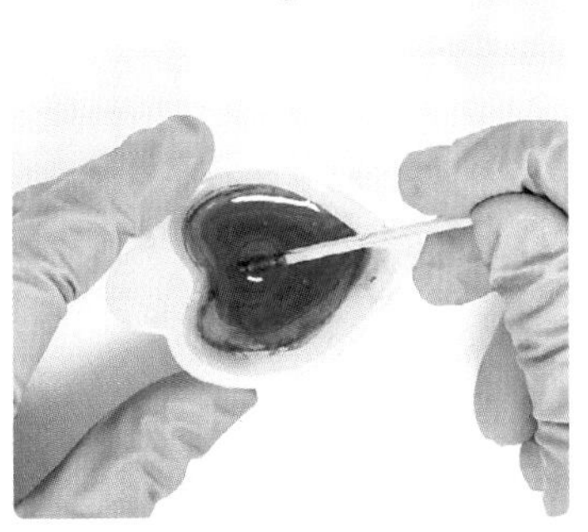


在矽膠杯倒入 2 的樹脂液 1/3 程度分量，以及染色劑（藍色、藍綠色）後充分攪拌混合。

將 2 的樹脂液倒入哥德風模具。放置 24~48 小時使其固化。

將 2 的樹脂液倒入水晶模具。因為後續還要追加染色樹脂液的關係，只要倒至 8 分滿即可。底部容易產生氣泡，要多加注意。

在水晶模具的澆口右側倒入 3 的樹脂液。

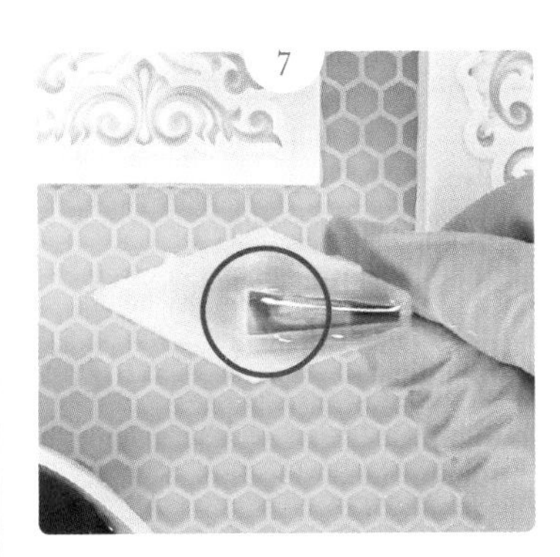


在澆口的左側倒入 2 的透明樹脂液。在邊緣容易產生氣泡，所以要注意。

放置 24~48 小時左右，待其固化後，從模具取出。同時也取出 4 的哥德風模具中的樹脂。

取出後的水晶模具樹脂。藉由先加入透明樹脂液後，再添加染色樹脂液的方式，可以讓顏色混合時呈現出立體深度，使得完成品更加漂亮。

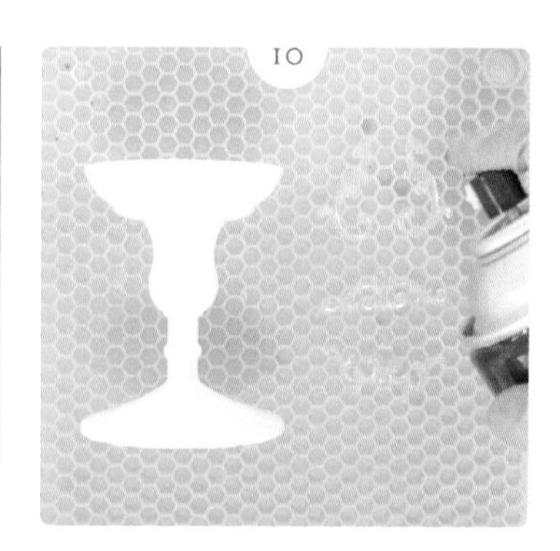


將從模具取出來的裝飾配件與水果盤噴上底漆（塗裝打底用噴漆），待其乾燥。另一面（水果盤則是上下都要）也進行同樣的作業。

底漆乾燥後，噴塗金色噴漆塗料，同樣待其乾燥。另一面（水果盤則是上下都要）也進行同樣的作業。

裝飾配件與水果盤的塗裝完成了。

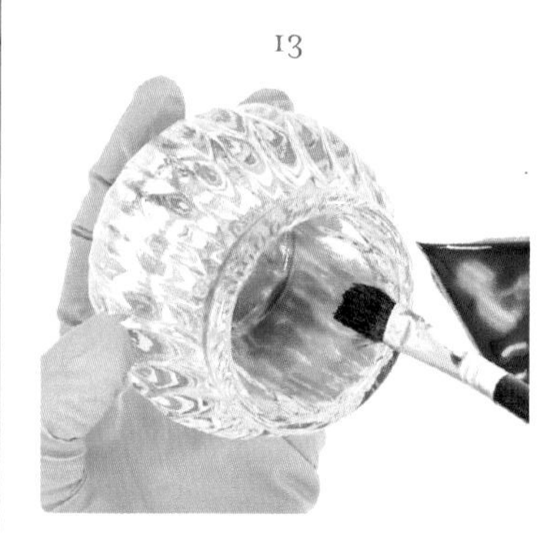


燭台的內側以玻璃塗料進行染色。

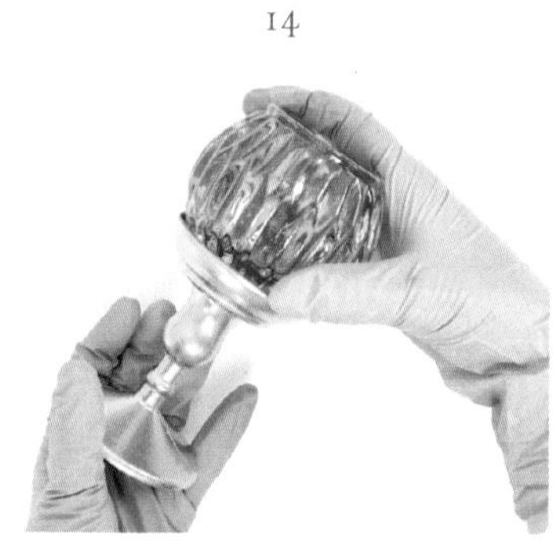


塗料乾燥後，以接著劑裝上 12 的水果盤。

將預計後續要安裝的翅膀配件（大）沿著本體圓弧形狀折彎加工。

將 12 的裝飾配件3以接著劑安裝固定。

※ 後續步驟的所有配件接著都使用接著劑。

將翅膀配件（小）在裝飾配件3的兩側左右對稱安裝上去。

將 12 的裝飾配件2安裝固定在下部。

19

將 15 的翅膀配件（大）插入翅膀配件（小）的後方，接著固定。

20

倒過來放置，然後將 12 的裝飾配件 1 安裝上去，本體就完成了。

21

將 9 不尖的那一頭塗抹樹脂液後，把珠帽接著固定上去。固化完成後，側面也塗上樹脂液使其固化，如此一來珠帽就能牢牢固定住。

22

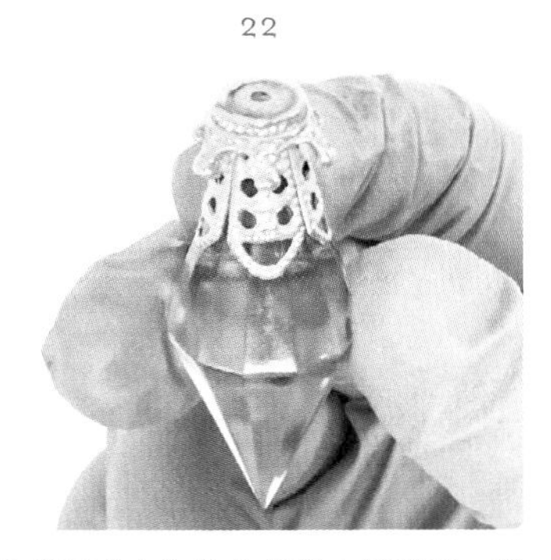

在皇冠（小）的內側塗上接著劑，黏貼在 21 上。

23

將環形配件（大）安裝在金屬底托（大）上。

24

將造型環形配件（A）安裝在中心位置。

25

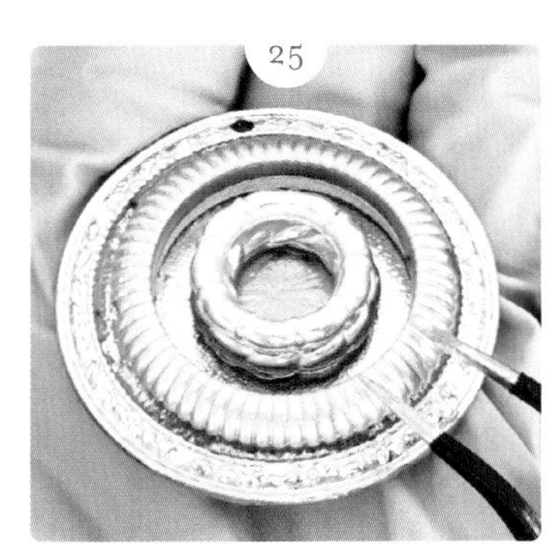

將造型環形配件（B）重疊安裝在造型環形配件（A）的上方。

26

將五芒星形配件疊加在上面。

27

將皇冠（大）重疊在上面。

28
將 22 安裝在 27 的中心位置。

29
在最底部安裝特大鏤空配件。

30
使用○圈及 C 圈，將星形配件 ×2、附石星形配件、雙層鏈子安裝在照片上的位置。

31
將特大鏤空配件放在 20 的上方，沿著正面的弧形折彎就完成。

作家的建議 Creator's Comment

由於水晶模具很容易產生氣泡，為了要能夠良好的完成作品，這裡使用的是環氧樹脂液。如果要使用 UV 樹脂液的話，確實地將模具底部和邊緣的氣泡去除是製作時的重點。

色彩變化組合 Color Variation

左：紅色
樹脂用染色劑：Wizard Color Blood Red（Resin 道）
玻璃塗料：紅色

右：紫色
樹脂用染色劑：寶石之雫 紫色（PADICO）
玻璃塗料：紫色

Oriens

*Artemis Palette*

## 阿提米絲眼影彩盤

外觀宛如一本魔導書的魔法眼影彩盤。因為蘊藏著強大的魔力，只有熟練高超的魔法少女才能加以運用的道具。彩盤中封印了傳說中的魔法少女們的力量，藉由將眼影塗抹在眼瞼上，就能變身為不同的魔法少女。

製作方法 第109頁

# 阿提米絲眼影彩盤

*Artemis Palette*

材料 Materials

- 環氧樹脂液（水晶樹脂 NEO/ 日新 Resin）
- UV 樹脂液（星之雫 /PADICO）
- 樹脂用染色劑（寶石之雫藍色、藍綠色、黑色、白色 /PADICO、Asteria Color Alistique Blue 等等 / Resin 道）
- 電鍍粉（La Plus Chrome Blue/Resin 道）
- 亮粉

用具 Tools

- 矽膠杯
- 攪拌棒
- 牙籤
- 棉花棒
- 熱風槍
- UV 燈
- 電子秤
- 矽膠模具（月形）
- 紙杯
- 遮蓋膠帶
- 接著劑（EXCEL EPO、高品質模型用 / 施敏打硬）
- 銼刀
- 斜口鉗
- 剪刀
- 鑷子

[ 眼影彩盤表面的配件 ]
①眼影盒
②懷錶配件
③附石星形配件
④圓形鏤空配件
⑤特大圓形鏤空配件
⑥鏤空邊角配件 ×4
⑦古董風格配件（A）×4
⑧古董風格配件（B）×4
⑨古董風格配件（C）×2
⑩古董風格配件（D）×1
⑪星形串珠 ×2
⑫黏貼式施華洛世奇水晶（小）×4
⑬花托（大）
⑭花托（小）×4
⑮附把手鏤空配件
⑯太陽配件
⑰月形配件
⑱施華洛世奇水晶（方形）
⑲細長鏤空配件
⑳藤蔓配件（大）
㉑藤蔓配件（小）×2
㉒翅膀配件
㉓棒形配件（大）×2
㉔棒形配件（小）×6
㉕扁平棒形配件（大）×2
㉖扁平棒形配件（小）×2
㉗扭轉竹串珠（大）×6
㉘扭轉竹串珠（小）×4
㉙十字架配件 ×2
㉚鏈子
㉛〇圈 x 2
㉜鉤扣 ×2
㉝附寶石環形配件
㉞環形配件 ×2
㉟六芒星配件
㊱附石菱形配件 ×2
㊲古董風格配件（E）×2

[ 眼影彩盤裡面的配件 ]
㊳金屬眼影小盤 ×6
㊴金屬底托（大）
㊵附把手鏤空配件
㊶月形配件
㊷附石星形配件
㊸圓形古董風格配件 ×4
㊹古董風格配件（F）×2
㊺古董風格配件（G）×4
㊻古董風格配件（H）×4
㊼古董風格配件（I）×2

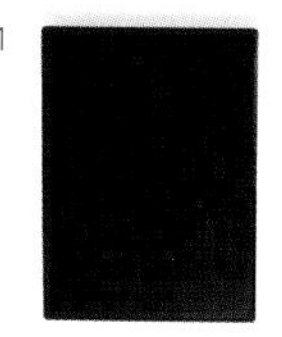

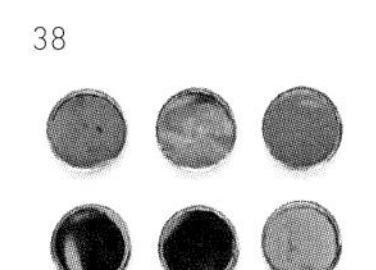

※ 照片和實際使用的配件數量不同。正確的所需數量請參照材料的項目。

● 眼影彩盤表面的裝飾

事前準備 Preparation

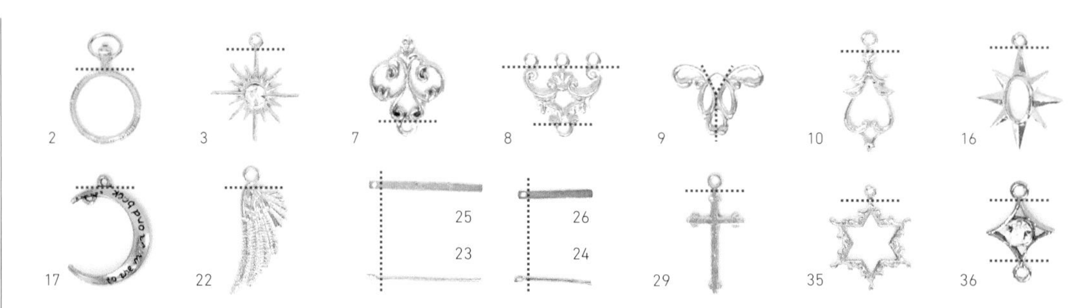


用斜口鉗剪掉紅色虛線部分，再以銼刀將切斷面整平。

製作方法 How to Make

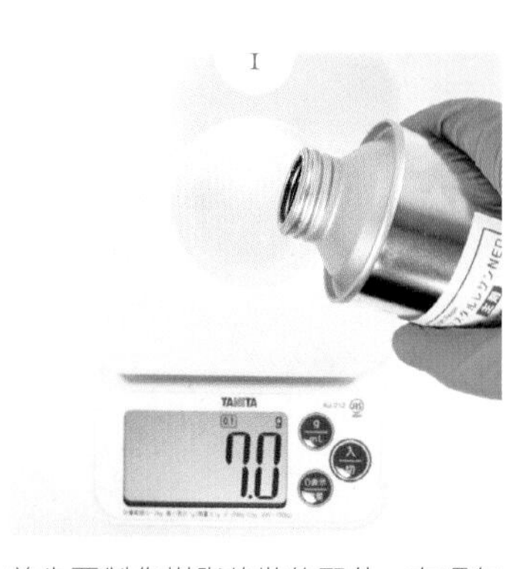


首先要製作樹脂的裝飾配件。在環氧樹脂液主劑 6g 中添加固化劑 3g，調製成合計 9g 的樹脂液。

將樹脂液倒入月形模具。因為後續還要追加染色樹脂液的關係，只要倒至 9 分滿即可。放置 24~48 小時左右，使之固化。

將 UV 樹脂液染成藍色，倒入月形模具，用 UV 燈照射使其固化。在這之後要塗上電鍍粉，所以要保留一些黏乎乎的程度。

塗上電鍍粉，以棉花棒擦拭後，倒入透明 UV 樹脂液，照射 UV 燈使其固化。

完全固化後自模具取出。如果難以取出的話，可以滴上一些樹脂清潔劑。

在懷錶配件的上方以接著劑（EXCEL EPO）將圓形鏤空配件安裝固定上去。
※ 後續一直到步驟 8 為止，配件的接著都是使用接著劑（EXCEL EPO）。

7

將 5 的月形配件安裝上去。

8

將附石星形配件安裝上去。

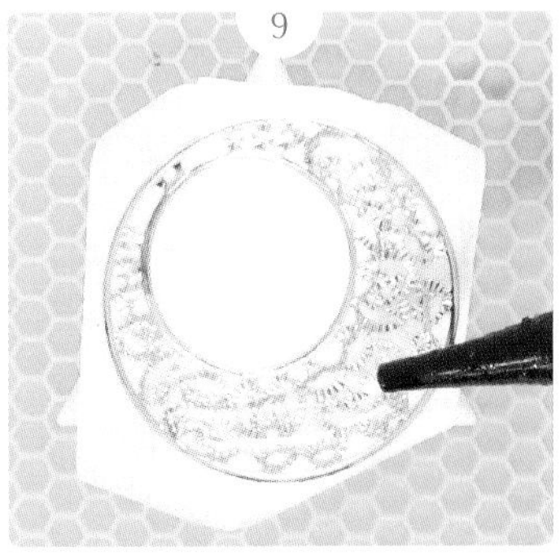

將特大圓形鏤空配件的表面貼上遮蓋膠帶，塗上透明 UV 樹脂液。遍佈整個配件後，照射 UV 燈使其固化。

倒入染成藍色 UV 樹脂液，用 UV 燈照射使其固化。在這之後要塗上電鍍粉，所以要保留一些黏乎乎的程度。

塗上電鍍粉，用棉花棒擦拭。

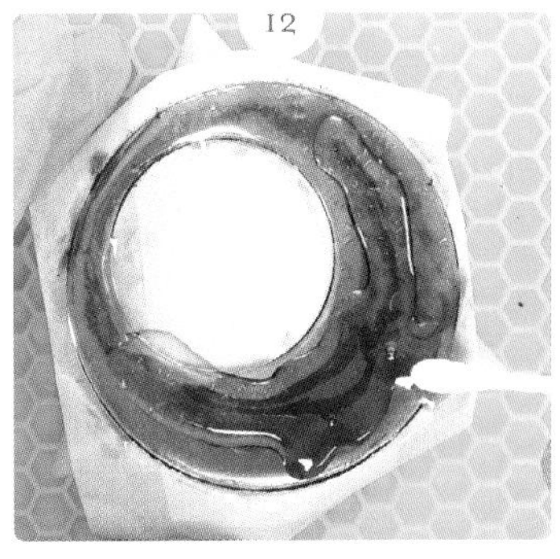

電鍍粉密貼固定後，倒入透明的 UV 樹脂液，遍佈整個區域，然後照射 UV 光使其固化。

固化後將遮蓋膠布撕掉，在沒有電鍍粉的那一面也倒入透明 UV 樹脂液，遍佈到整個區域，再照射 UV 燈使之固化。

鏤空邊角配件 ×4 要重複 9~13 的步驟，如照片般製作 5 個裝飾配件。

將配件黏貼至眼影盒上。接著固定之前要先將所有的配件都放在眼影盒上觀察整體均衡感，再一件一件地將配件安裝上去。

16

如照片一般，將配件黏貼上去。在接下來的步驟中，所有的配件都是使用高級模型接著劑來黏貼。

將 14 的鏤空邊角配件 ×4 安裝在四個角落。

將古董風格配件（A）安裝在鏤空邊角配件前方的位置，而古董風格配件（B）的上部則是稍微重疊在鏤空邊角配件上。

將 14 的特大圓形鏤空配件安裝上去。

在古董風格配件（A）的上方安裝星形串珠。※ 只有下面的兩個地方。

在古董風格配件（A）的兩側，將古董風格配件（C）左右對稱安裝上去。※ 只有下面的兩個地方。

先將黏貼式施華洛世奇水晶安裝在花托（小）上，然後整個安裝至古董風格配件（B）的上部。

17

將 8 安裝至特大圓形鏤空配件的孔洞部分。

18

將附把手鏤空配件稍微重疊安裝至特大圓形配件的上方。

19

將太陽配件重疊安裝至附把手鏤空配件上。

將月形配件重疊安裝上去。

將施華洛世奇水晶（方形）安裝至花托（大），然後整個重疊安裝至太陽配件的上方。

將古董風格配件（D） 插入照片的位置安裝上去。

將細長鏤空配件插入特大圓形鏤空配件的下方進行安裝。

將藤蔓配件（大）重疊安裝上去。

在藤蔓配件（大）的下方安裝翅膀配件。

將棒形配件、扁平棒形配件、扭轉竹串珠由中心向外排放成放射狀，再將十字架配件左右對稱安裝上去。

預先製作裝飾用的鏈子。將 4 條鏈子以〇圈如照片般串連起來，兩端安裝鉤扣。

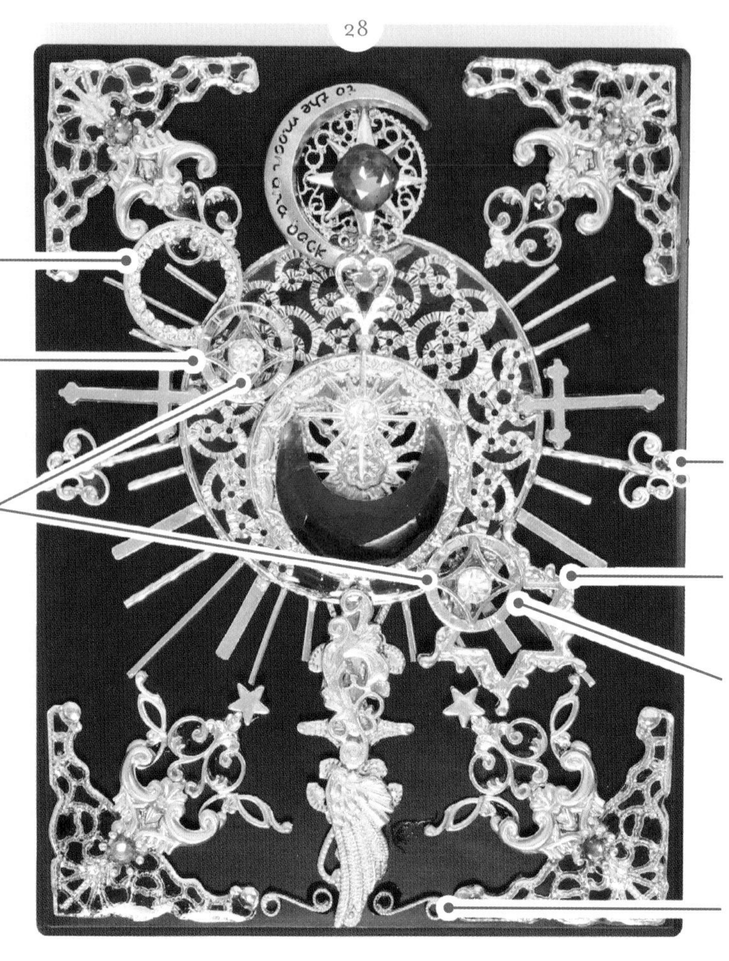


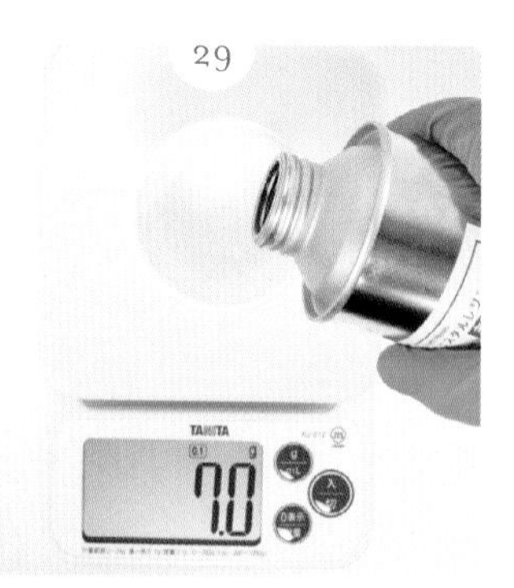


在環氧樹脂溶液的主劑 20g 添加固化劑 10g，調合成共 30g 的樹脂液。充分混合後，用熱風槍加熱消除氣泡。

在表面一點一點地倒上樹脂液後，放置 24~48 小時左右，待其固化後，表面裝飾就完成了。

作家的建議 Creator's Comment

- 步驟 26 的棒形配件在以接著劑安裝固定前，請先暫時排放上去觀察整體均衡。將較長的配件與較短的配件交替放置，會讓整體的均衡感變得更好。
- 如果在步驟 30 一口氣大量倒入樹脂液的話，會造成樹脂液從側面流下來。所以請從中心部分開始一點一點地倒入樹脂液。

## ● 眼影彩盤裡面的裝飾

### 事前準備 Preparation

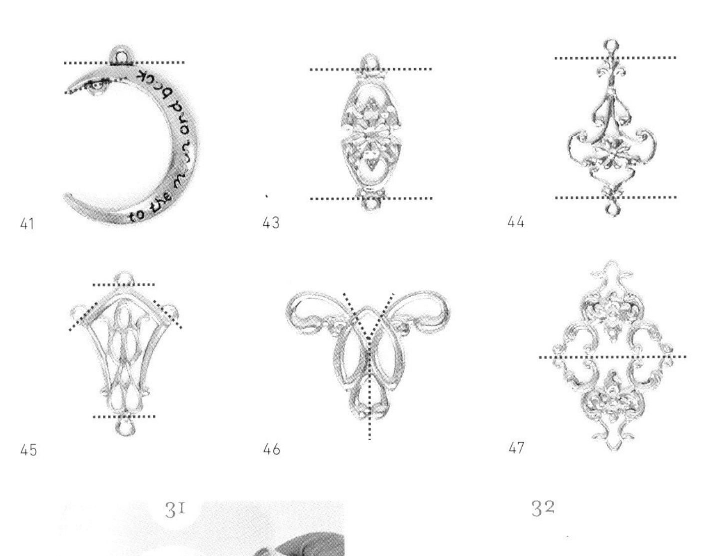


用斜口鉗剪掉紅色虛線部分，再以銼刀整平切斷面。

### 製作方法 How to Make

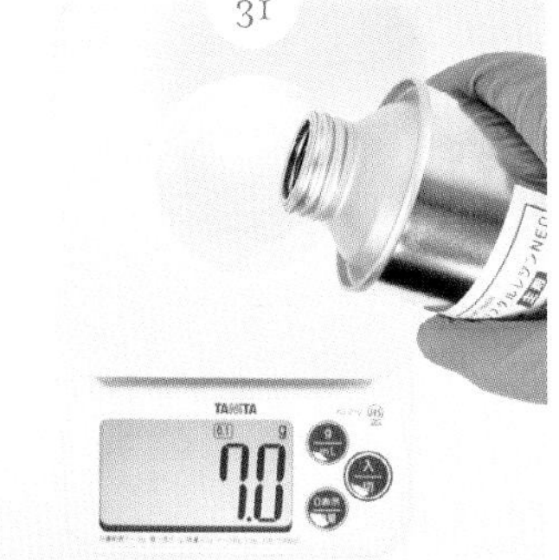

31 製作裡面的裝飾。在環氧樹脂液的主劑 12g 中添加 6g 的固化劑，調製成總計 18g 的樹脂液。

32 在 31 製作出 6 種不同顏色的染色樹脂液，倒入金屬眼影盤中。其中 1 個還要再添加亮粉。

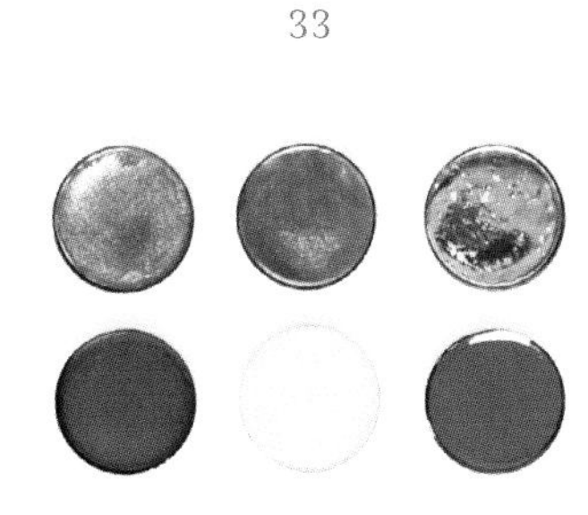

33 放置 24~48 小時左右使其固化。

34 在表面薄薄地塗上一層透明 UV 樹脂液，照射 UV 燈使其固化。只要從側面觀察時，形狀稍微有些隆起的程度即可。

35 將金屬眼影彩盤以接著劑（EXCEL EPO）均衡地安裝在眼影盒的內側。

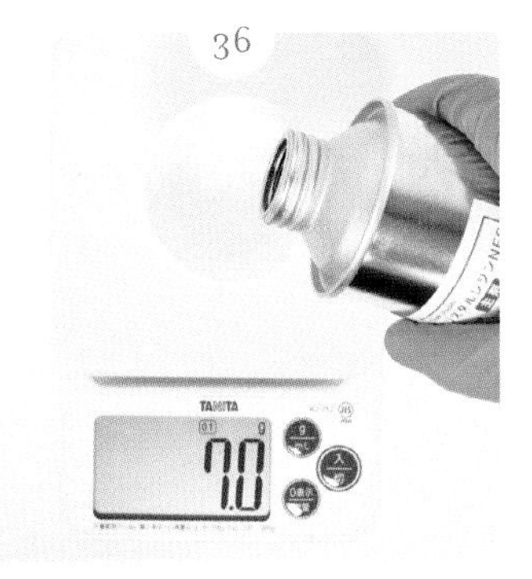

36 在環氧樹脂液的主劑 26g 中添加 13g 的固化劑，調製成總計 39g 的樹脂液。充分混合後，用熱風槍加熱消除氣泡。

37

在 36 的樹脂液添加染色劑（黑色）充分混合，倒入 35 後，放置約 24~ 48 小時，使其固化。

38

將附把手鏤空配件安裝至金屬底托（大）上。※ 在後續的步驟中，所有配件的接著固定都是使用高品質模型用接著劑。

39

將月形配件以及附石星形配件安裝上去。

40

將古董風格配件（G）安裝在 4 個位置。

將古董風格配件（F）安裝在 2 個位置。

將古董風格配件（I）安裝在 4 個位置。

將圓形古董風格配件安裝在 4 個位置。

將古董風格配件（H）左右對稱安裝在 4 個位置。

將 39 安裝在中央位置。

Piari

*Honor of the night*

## 夜之榮耀

我依偎在哭泣的你身旁，溫柔地掬起眼淚，接著施展夜之魔法將眼淚變成動章的形狀加以讚頌。當你配戴上那枚動章時，我在你的眼神裡看見充滿了溫柔的驕傲。

製作方法 第119頁

# 夜之榮耀

*Honor of the night*

## 材料 Materials

- UV 樹脂液
- 9 針 ×4
- ○圈 ×4
- ①蟬翼紗（黑）
- ②厚毛氈（黑）
- ③合成皮革
- ④繩子
- ⑤水鑽鏈子（2mm）
- ⑥水鑽鏈子（4mm）
- ⑦捷克玻璃鈕扣
- ⑧水鑽 ×2
- ⑨玻璃石 ×3
- ⑩鑽石形玻璃石 ×2
- ⑪月形配件
- ⑫金色金屬底座 ×2
- ⑬圓形藍色寶石
- ⑭水滴形藍色寶石 ×2
- ⑮胸針底座

⑯ [ 串珠 ]

TOHO
- 圓小串珠 No.28
- 竹串珠（一分竹） No.28
- 圓小串珠 No.22
- 圓大串珠 No.22
- 圓小串珠 No.712
- 特小串珠 No.712
- 圓小串珠 No.558
- 特小串珠 No.558
- 珍珠串珠 No301 （2mm）

MIYUKI
- 圓特小串珠 #177
- 鍍金珍貴串珠 #191（竹 3 mm）
- 三角形串珠 TR177（2.5mm）
- 三角形串珠 TR1102（2.5mm）
- 三角形串珠 TR1151（2.5mm）
- 扭轉串珠 TW177（12mm）
- 鍍金珍貴串珠 TW191 （2cut）
- 鍍金珍貴串珠 TW191 （6mm）

其他製造商
- 星形串珠
- 捷克金串珠
- 玻璃串珠藍（3mm）
- 玻璃串珠藍（4mm）
- 玻璃串珠深藍（4mm）
- 玻璃串珠水晶（4mm）
- 扭轉竹串珠深藍（6mm）
- 扭轉竹串珠金（12mm）
- 珍珠藍 （4mm）
- 金珍珠（2.5mm）
- 金珍珠（3mm）

## 用具 Tools

- 刺繡框
- 粉土筆
- 直尺
- 刺繡針
- 刺繡線（藍色）
- 布用接著劑
- 接著劑 Super×2、Super-XG / 施敏打硬）
- 布用剪刀
- 斜口鉗
- 老虎鉗
- 牙籤
- 矽膠杯
- UV 燈

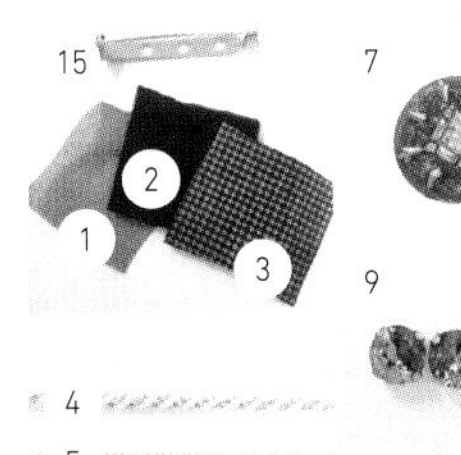

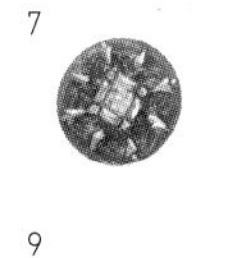

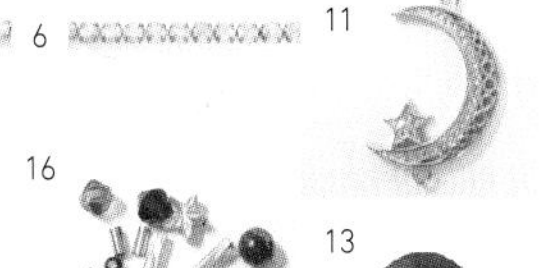

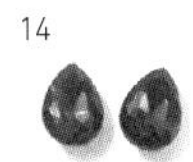

15 7 8 1 2 3 9 10 4 5 6 11 12 16 13 14

## 串珠刺繡的基礎 How To Bead Embroidery

### ● 單珠繡

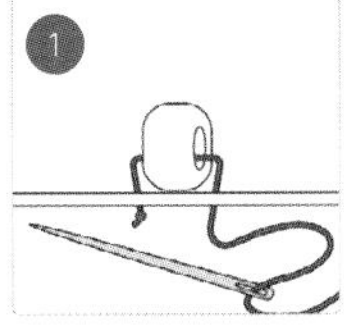

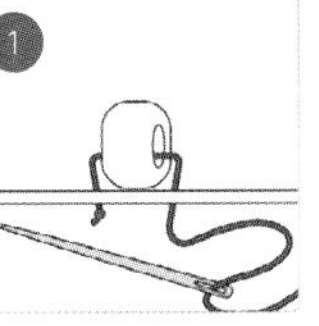

由布的背面入針，穿過串珠。朝著行進方向，在比串珠寬幅稍長一點的前方位置，將針再穿回背面。

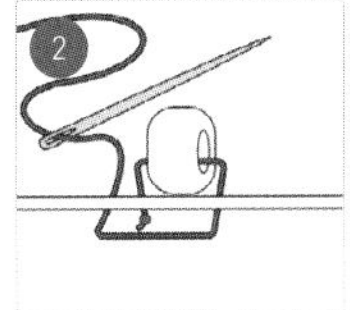

為了要讓針重新回到串珠行進方向，在最初入針部分稍微後退的位置，將針穿回正面。

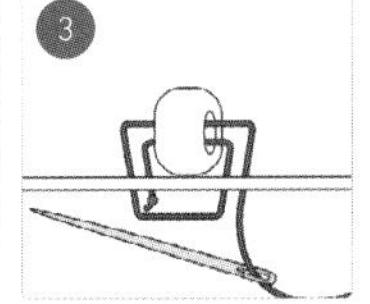

再穿過串珠的孔洞一次。如果想要接著繡旁邊的串珠，請重複①～③。

### ● 回針繡

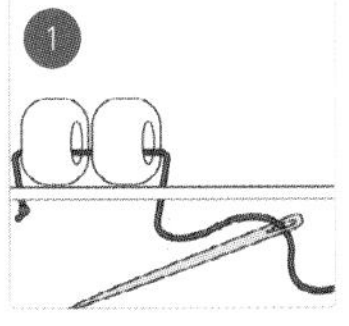

由布的背面入針，一次穿過 2 顆～複數個串珠。朝著行進方向，在比串珠寬幅稍長一點的前方位置，將針再穿回背面。

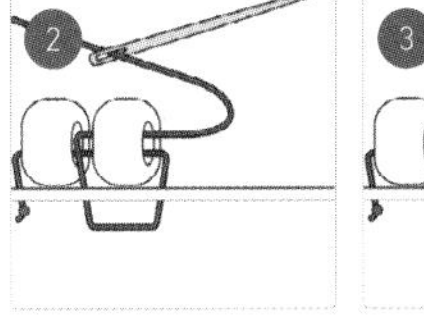

回到後方 1 顆串珠的位置，由串珠之間出針，讓繡線穿過孔洞。重複①～②。

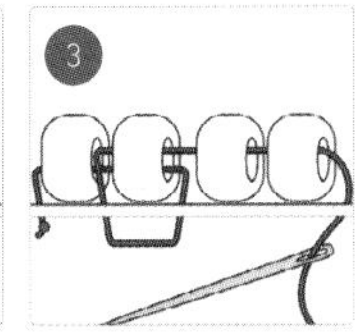

如果串珠較大時，可以如圖示般，先穿過 2 顆串珠，再後退 1 顆；如果串珠較小時，則可以一次穿過 4~5 顆串珠，再後退 2 顆。如此便能將串珠縫得很牢靠。

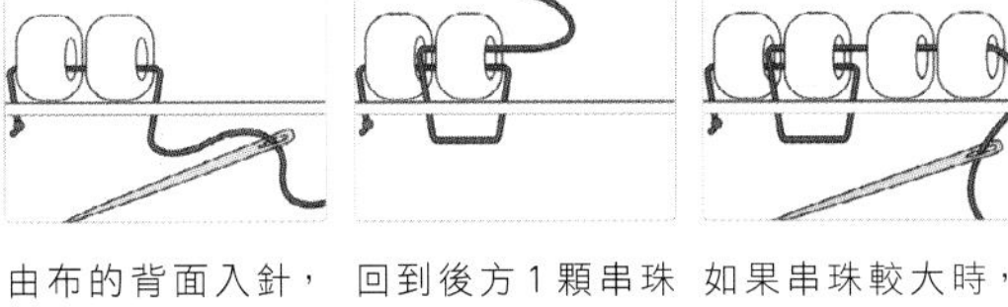

※ 本書大量使用了 1mm 的特小串珠，因此單珠繡、回針繡的繡線都是採取「單線縫」的方式。

1

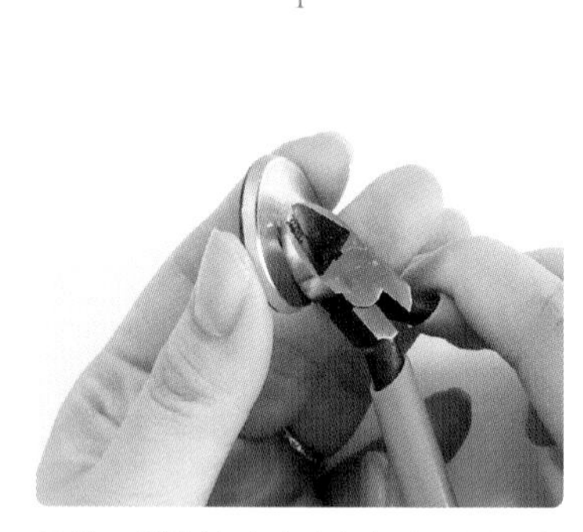

用斜口鉗將捷克玻璃鈕扣背面的凸角部分剪斷。

2

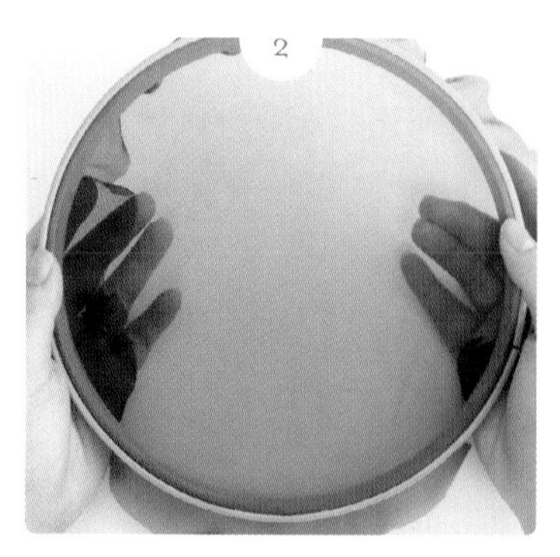

在刺繡框上張開一塊蟬翼紗。

3

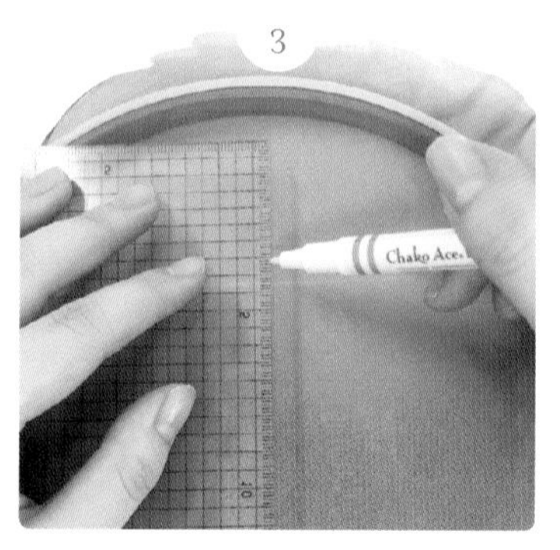


在刺繡框內中心略偏上方的位置以粉土筆描繪一個十字。

4

用接著劑（Super-XG）將 1 的捷克玻璃鈕扣黏貼在十字的中心。

5

在捷克玻璃鈕扣周圍用繩子纏繞一圈，以布用接著劑固定。繩子的尾端部分也要以布用接著劑確實固定牢靠。

6

用粉土筆描繪十字架的草圖。

7

沿著草圖從十字架的頂部開始用回針繡開始刺繡。※ 後續的步驟除非有特別註記，都是以回針繡製作。

由下而上：圓特小串珠 #177/ 星形串珠 / 捷克金串珠 / 珍珠串珠 No301 （2mm）

8

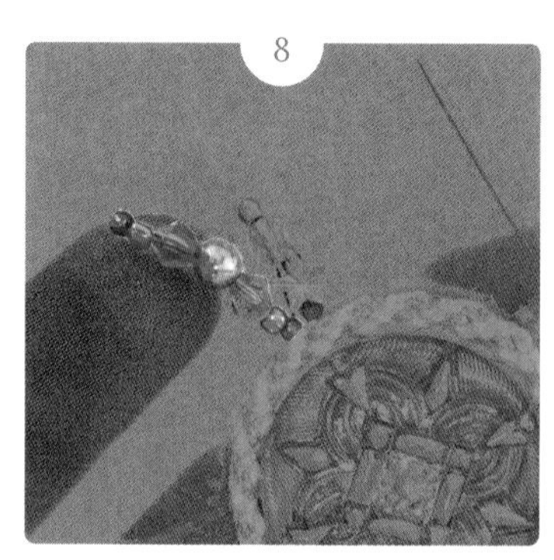

沿著草圖繡上斜向的串珠。

由下而上：圓小串珠 No.28/ 三角形串珠 TR177 （2.5mm）/ 玻璃串珠藍（4mm）/ 珍珠藍（4mm）/ 玻璃串珠藍（4mm）/ 三角形串珠 TR177（2.5mm）/ 圓小串珠 No.28

9

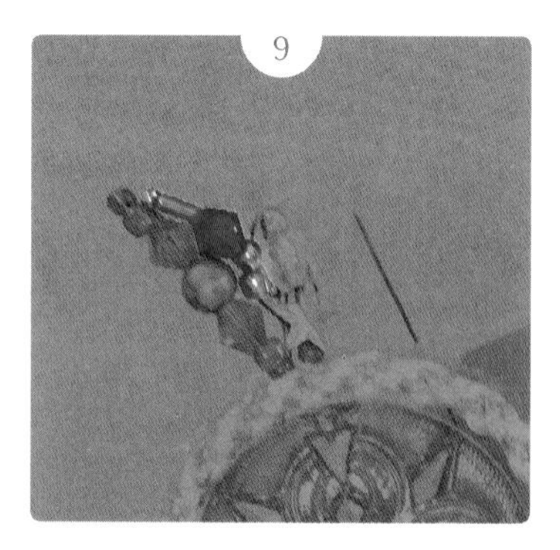

朝向星形串珠繡上串珠。

由上而下：圓特小串珠 #177/ 竹串珠（一分竹）No.28/ 玻璃串珠深藍（4mm）/ 三角形串珠 TR177（2.5mm）×2

右側也沿著草圖重複 8~9 的步驟。

將外側串成有鑲邊的感覺。
由下而上：圓小串珠 NO.22/ 扭轉竹串珠金（12mm）/ 圓小串珠 No.22/ 三角形串珠 TR1102（2.5mm）/ 圓大串珠 No.22

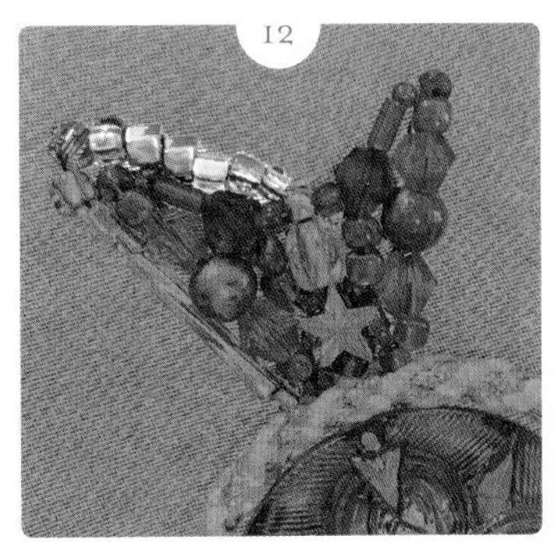

接著朝向中心部位繡上串珠。
由左而右：玻璃串珠藍（3mm）/ 圓大串珠 No.22/ 鍍金珍貴串珠 TW191（2cut）×2/ 三角形串珠 TR1102（2.5mm）×2/ 圓小串珠 No.22

右側也重複 11~12 的步驟。

十字架的其餘 3 處也是以 7~13 的步驟進行。

製作出一個尖角，固定於十字架之間。
由下而上：扭轉竹串珠金（12mm）/ 圓小串珠 No.22/ 玻璃串珠藍（3mm）

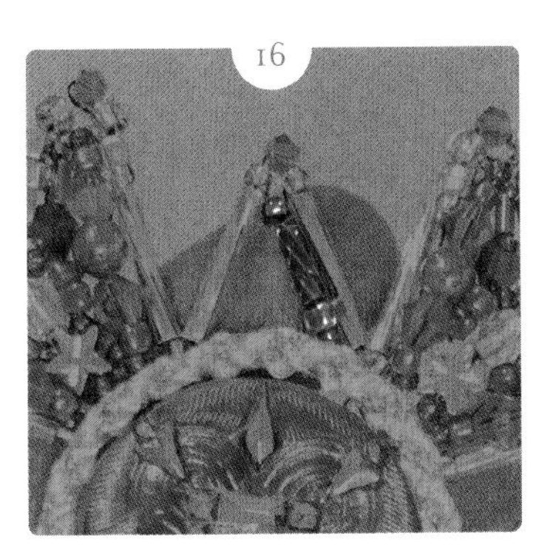

由內側沿著 15 的線條繡上串珠。
由下而上：圓特小串珠 #177/ 三角形串珠 TR177（2.5mm）/ 扭轉竹串珠深藍（6mm）/ 圓小串珠 No.28

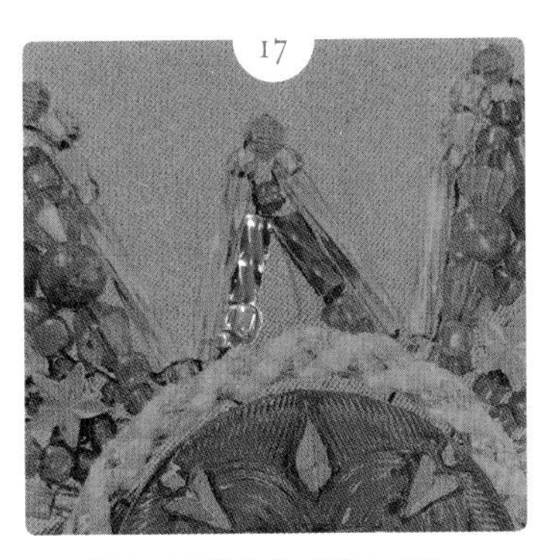

另一側也以同樣的方式繡上串珠。

將中心部分的間隙填滿。
由上而下：圓小串珠 No.712/ 玻璃串珠水晶（4mm）

將角與角之間填滿。
由下而上：特小串珠 No.712/ 鍍金珍貴串珠 TW191（6mm）/ 金珍珠（2.5mm）

將 19 的兩側繡上串珠填滿間隙。
由下而上：特小串珠 No.712×2/ 圓小串珠 No.712

在所有的角和角之間進行 19~ 20 的步驟。

在圍繞捷克玻璃鈕扣的繩子上進行裝飾，十字架主題設計便告完成了。
三角形串珠 TR177（2.5mm）/ 圓小串珠 No.712/ 三角形串珠 TR1151（2.5mm）

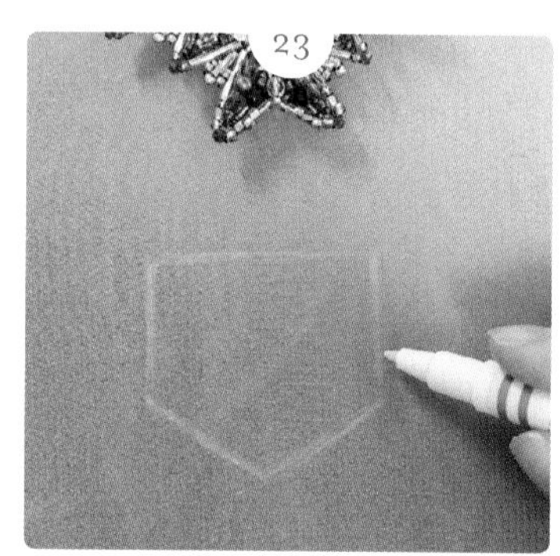

接下來要製作緞帶設計主題。在 22 的下方以粉土筆畫一個像照片一樣的形狀。

在畫好的線上用接著劑（Super-XG）貼上水鑽鏈子（2mm）。

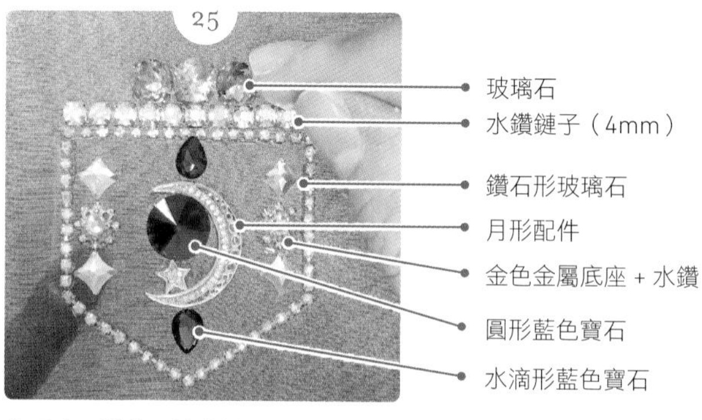


像照片一樣將配件黏著在一起。
※全部都是使用接著劑（Super-XG）。

在藍色寶石的周圍繡上串珠。
特小串珠 No.712/ 圓小串珠 No.712

右上角沿著水鑽鏈子繡上串珠。
三角形串珠 TR1102

繡上串珠，隔開中心位置的月形配件與右側的 3 個配件。
由上而下：扭轉竹串珠金（12mm）/ 三角形串珠 TR1102/ 扭轉竹串珠金（12mm）/ 三角形串珠 TR1102×2

沿著下方的水鑽鏈子填滿空隙。
鍍金珍貴串珠 TW191（2cut）

與 26 同樣在藍色寶石的周圍繡上串珠。

在藍色寶石的右側繡上斜向的串珠。
由下而上：圓特小串珠 #177/ 三角形串珠 TR177 （2.5mm）/ 玻璃串珠藍（4mm）/ 玻璃串珠藍（3mm）/ 三角形串珠 TR177（2.5mm）/ 圓特小串珠 #177×2

用單珠繡填滿間隙。
竹串珠（一分竹） No.28/ 圓小串珠 No.28/ 圓特小串珠 #177

對角線那側也重複 31~32 的步驟。

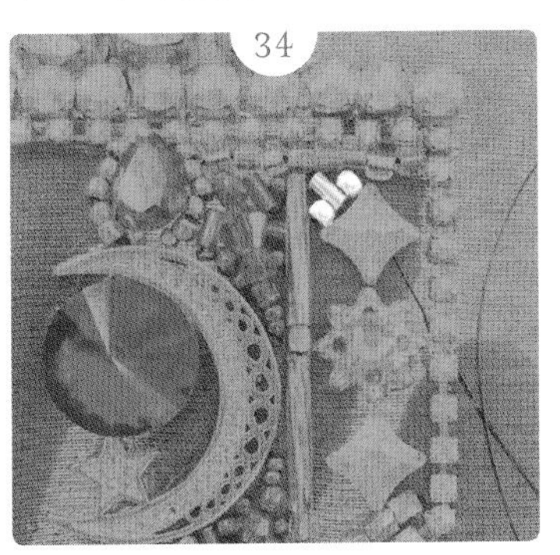


用單珠繡把鑽石形玻璃石之間的間隙填滿。
鍍金珍貴串珠 #191 （竹 3mm） / 圓小串珠 No.558

重複 34 的步驟，將鑽石形玻璃石的四個角落全都填滿。

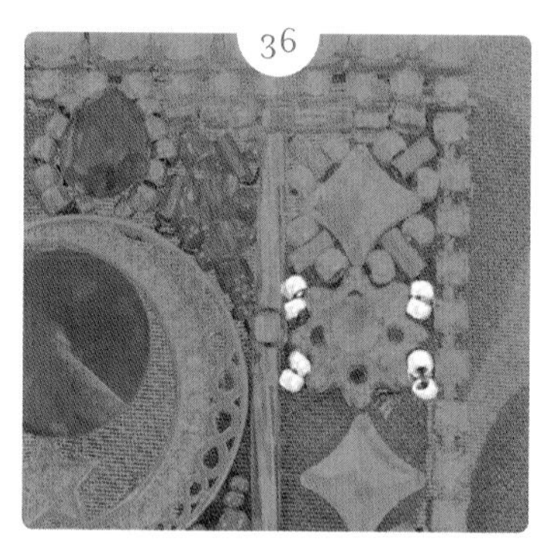

36 用單珠繡將金色金屬底座配件的四個角落全都填滿。
特小串珠 No.558

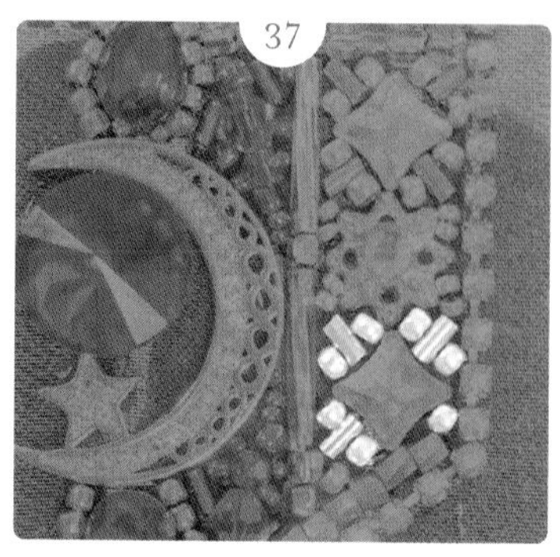

37 下方的鑽石形玻璃石周圍也以 34 的步驟填滿。不過右下方不使用鍍金珍貴串珠 #191（竹）。

38 左側也同樣進行 27~37 的步驟。

39 圍著圓形藍色寶石繡上串珠。
由左上開始：特小串珠 No.712×2/ 圓小串珠 No.712×2/ 珍珠串珠 No 301（2mm）/ 金珍珠（3mm）×3/ 特小串珠 No.712/ 金珍珠（3mm）×2/ 圓小串珠 No.712/ 特小串珠 No.712

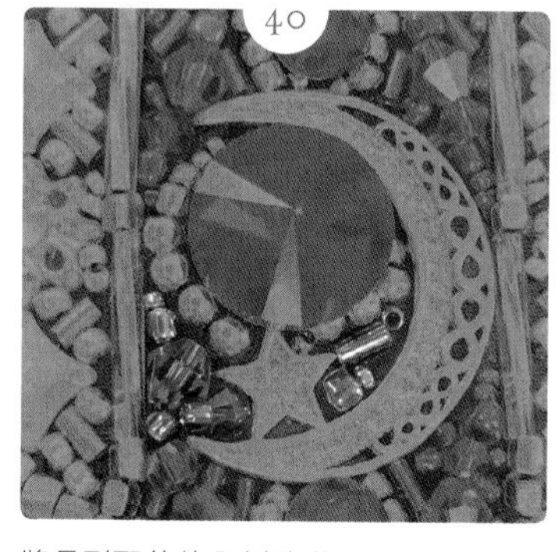

40 將月形配件的內側填滿。
圓特小串珠 #177/ 竹串珠（一分竹） No.28/ 圓小串珠 No.28/ 三角形串珠 TR177（2.5mm）/ 玻璃串珠藍（4mm）/ 玻璃串珠藍（3mm）

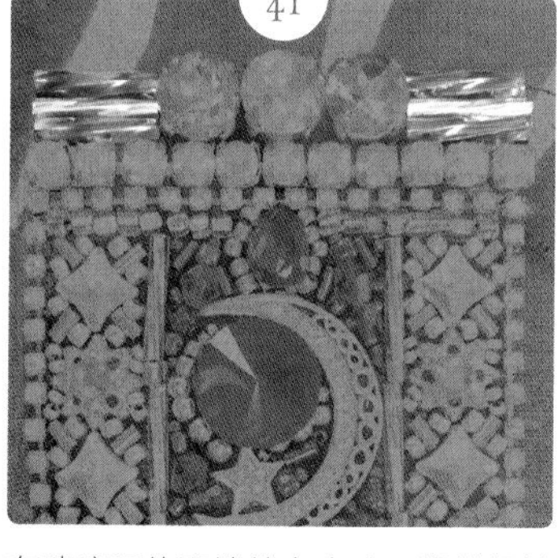

41 在玻璃石的兩端繡上串珠，緞帶設計主題也完成了。
扭轉串珠 TW177（12mm）/ 扭轉竹串珠金（12mm）

42 從刺繡框取下，將蟬翼紗裁切成適當大小。在設計主題的邊緣背面塗上樹脂液，用 UV 燈照射使其固化。

43 從正面和背面兩側照射 UV 燈，當樹脂液完全固化後，沿著主題設計的形狀裁剪蟬翼紗。

44 在背面塗抹布用接著劑。

45

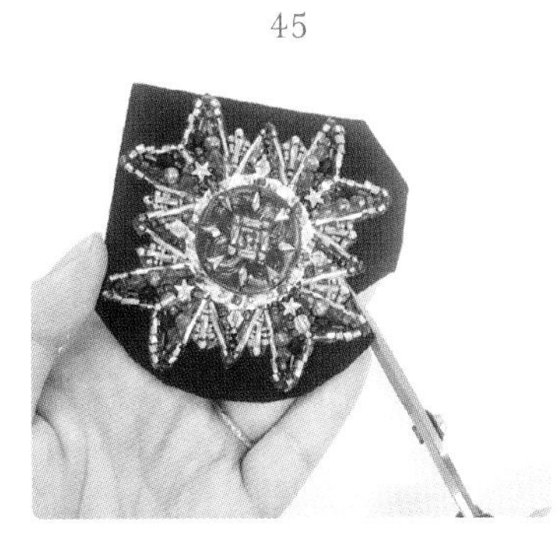

黏貼在厚毛氈上，沿著設計主題的形狀裁剪下來。

46

將十字架設計主題與緞帶設計主題連接起來。在各自的背面 2 個位置以接著劑（Super×2）安裝 9 針。

47

9 針的安裝位置如照片所示。

48

接著劑乾燥後，以布用接著劑貼上合成皮革，然後裁切成設計主題的形狀。

49

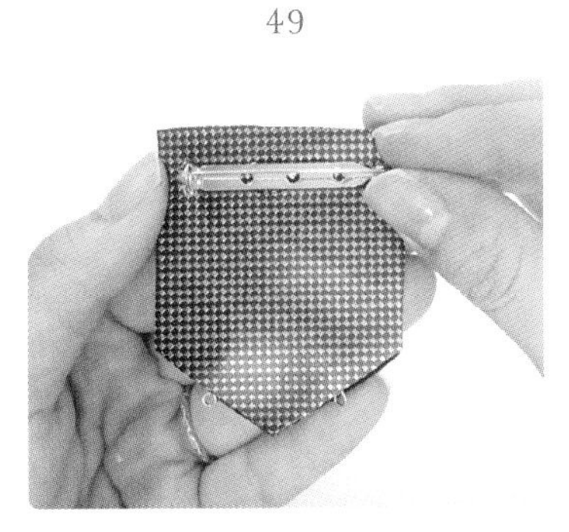

用接著劑（Super×2）將胸針底座安裝在緞帶設計主題上。

50

把合成皮革裁剪成照片的形狀。

51

用接著劑（Super×2）將 50 安裝上去，藉以固定胸針底座。

52

在 9 針的環上安裝各 2 個〇圈，將設計主題連接在一起就完成了。

● 各種串珠的配置

扭轉串珠 TW177（12mm）
扭轉竹串珠金（12mm）
扭轉竹串珠金（12mm）
三角形串珠 TR1102（2.5mm）
三角形串珠 TR1102（2.5mm）
圓小串珠 No.712
特小串珠 No.712
特小串珠 No.712
圓小串珠 No.712
珍珠串珠 No301（2mm）
金珍珠（3mm）
鍍金珍貴串珠 #191（竹 3mm）
圓小串珠 No.558
特小串珠 No.558
圓特小串珠 #177
三角形串珠 TR177（2.5mm）
圓特小串珠 #177
圓小串珠 No.28
竹串珠（一分竹）No.28
玻璃串珠藍（3mm）
玻璃串珠藍（4mm）
鍍金珍貴串珠 TW191（2cut）
三角形串珠 TR177（2.5mm）
圓特小串珠 #177
圓小串珠 No.28
三角形串珠 TR177（2.5mm）
玻璃串珠藍（4mm）
珍珠藍（4mm）
玻璃串珠藍（4mm）
三角形串珠 TR177（2.5mm）
圓小串珠 No.28
珍珠串珠 No301（2mm）
捷克金串珠
星形串珠
金珍珠（2.5mm）
圓特小串珠 #177
圓小串珠 No.712
特小串珠 N.712
鍍金珍貴串珠 TW191（6mm）
特小串珠 No.712
三角形串珠 TR177（2.5mm）
三角形串珠 TR1151（2.5mm）
玻璃串珠水晶（4mm）
三角形串珠 TR177（2.5mm）
玻璃串珠深藍（4mm）
竹串珠（一分竹）No.28
圓特小串珠 #177
圓大串珠 No.22
三角形串珠 TR1102（2.5mm）
圓小串珠 No.22
扭轉竹串珠金（12mm）
圓小串珠 No.22
玻璃串珠藍（3mm）
圓小串珠 No.712
扭轉竹串珠金（12mm）
圓小串珠 No.22
玻璃串珠藍（3mm）
圓小串珠 No.28
圓大串珠 No.22
鍍金珍貴串珠 TW191（2cut）
三角形串珠 TR1102（2.5mm）
圓小串珠 No.22
扭轉竹串珠深藍（6mm）
三角形串珠 TR177（2.5mm）
圓特小串珠 #177
圓小串珠 No.712

Piari

*Proud Afternoon*

## 得意的午後

你要成為你自己的國王。將你的美麗與驕傲一顆一顆地變成星星，裝飾你的冠冕吧！就像是午後的陽光般，當你接受到真實自尊的輝映之時，方能真正將那冠冕的力量納為己用。

製作方法 第128頁

# 得意的午後

*Proud Afternoon*

材料 Materials

- UV 樹脂液
- ①手鐲
- ②十字架花絲
- ③蟬翼紗（白）
- ④毛氈（白）
- ⑤合成皮革（白）
- ⑥白蕾絲
- ⑦金蕾絲
- ⑧白銀蕾絲（半圓形圖樣）
- ⑨白銀蕾絲（鑽石圖樣）
- ⑩星星的主要配件
- ⑪玻璃花串珠 ×2
- ⑫水鑽 ×2
- ⑬壓克力星形串珠
- ⑭捷克玻璃葉片串珠 ×2
- ⑮鍍金葉片裝飾配件 ×2
- ⑯水滴形玻璃裝飾配件（細）×4
- ⑰水滴形玻璃裝飾配件（圓）×2
- ⑱水鑽鏈子

⑲［串珠］

TOHO
- ・圓小串珠 No.22F
- ・圓大串珠 No.22F
- ・竹串珠（一分竹）No.22F
- ・圓小串珠 No.121
- ・棗形珍珠 No.200
- ・珍珠串珠 No.200（2mm）
- ・珍珠串珠 No.200（3mm）
- ・珍珠串珠 No301 （2mm）
- ・圓小串珠 No.712
- ・特小串珠 No.712

MIYUKI
- ・鍍金珍貴串珠 #191（竹 3mm）
- ・鍍金珍貴串珠 #191（竹 6mm）
- ・圓小串珠 #250
- ・圓特小串珠 #471
- ・鍍金珍貴串珠 TW191 （2cut）
- ・鍍金珍貴串珠 TW191 （2×6mm）
- ・扭轉串珠 TW250
- ・三角形串珠 TR1102（2.5mm）
- ・三角形串珠 TR1104（2.5mm）
- ・三角形串珠 TR1151（2.5mm）

其他
- ・玻璃串珠（2mm x 3mm）
- ・玻璃串珠（4mm）

用具 Tools

- 刺繡框（小、大）
- 萬花尺
- 粉土筆
- 刺繡針
- 刺繡線（金）
- 接著劑（SUPER-XG/ 施敏打硬）
- 布用接著劑
- 矽膠杯
- UV 燈
- 牙籤
- 布用剪刀
- 遮蓋膠帶
- 斜口鉗

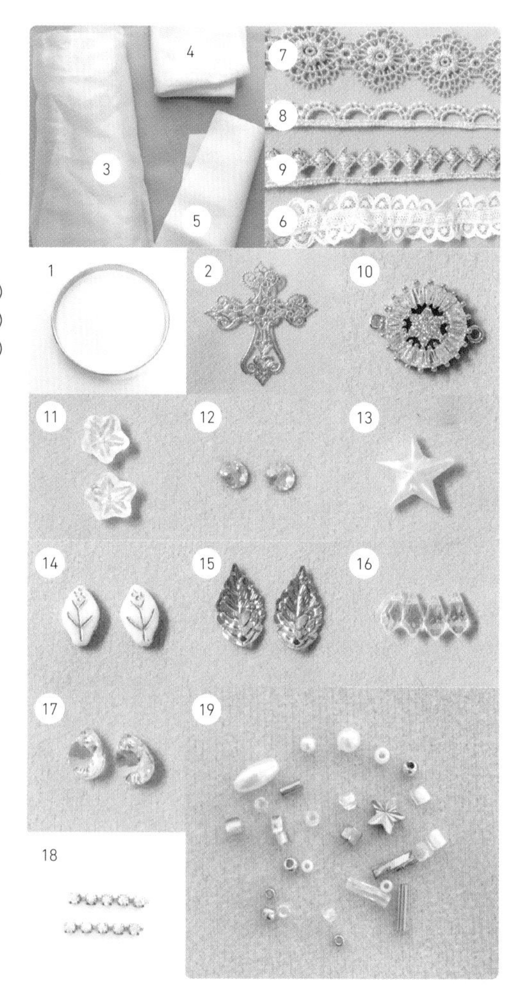


事前準備 Preparation

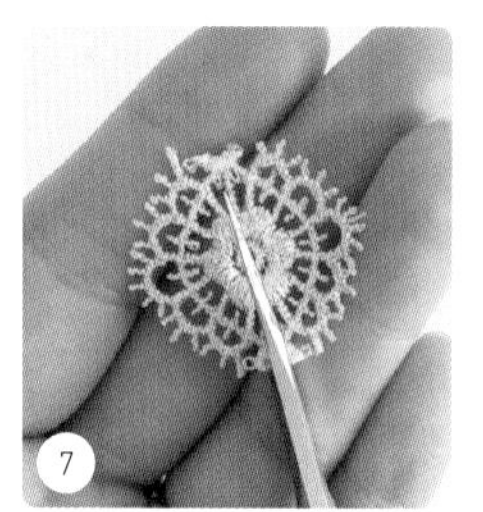

用斜口鉗剪掉紅色虛線部分，再以銼刀整平切斷面。

將金蕾絲預先裁剪成一半。

1

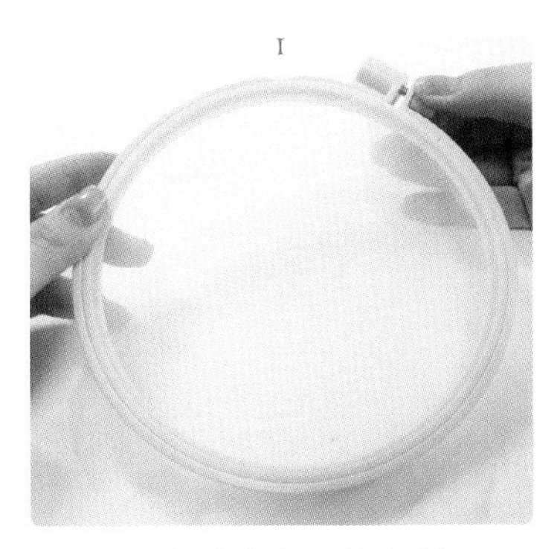

在刺繡框（小）拉上一塊蟬翼紗。

2

使用萬花尺，以粉土筆畫一個六角形。

3

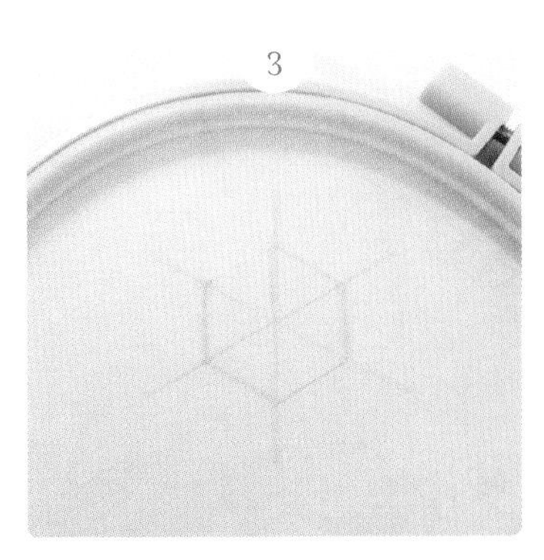

由六角形頂點畫出 3 條對角線。

4

在六角形的中心位置，以接著劑黏貼一個星形主要配件。※ 後續步驟所有配件的接著都使用接著劑。

5

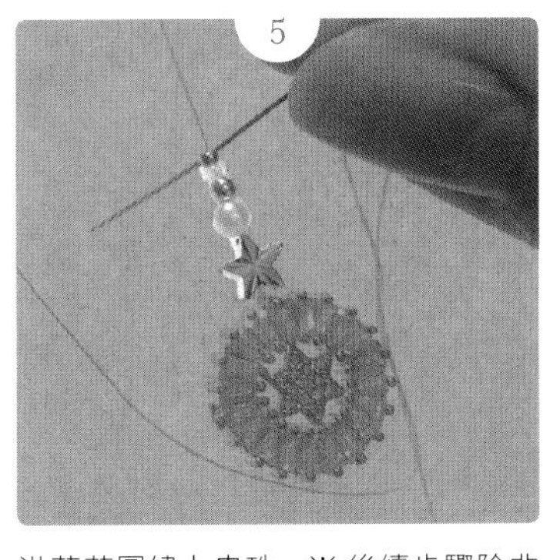

沿著草圖繡上串珠。※ 後續步驟除非另有說明，都是使用回針繡。

由下而上：星形串珠 / 珍珠串珠 No.200（3mm）/ 圓小串珠 No.712/ 圓小串珠 #250/ 特小串珠 No.712

6

右側繡上斜線的串珠。

由上而下：圓特小串珠 #471/ 鍍金珍貴串珠 #191（竹 6mm）/ 玻璃串珠（2mm × 3mm）/ 鍍金珍貴串珠 TW191（2cut）

7

在左側同樣繡上斜線的串珠後，對角線那側也施以相同的刺繡。

8

剩下的 4 個地方也進行 5~7 的步驟。

9

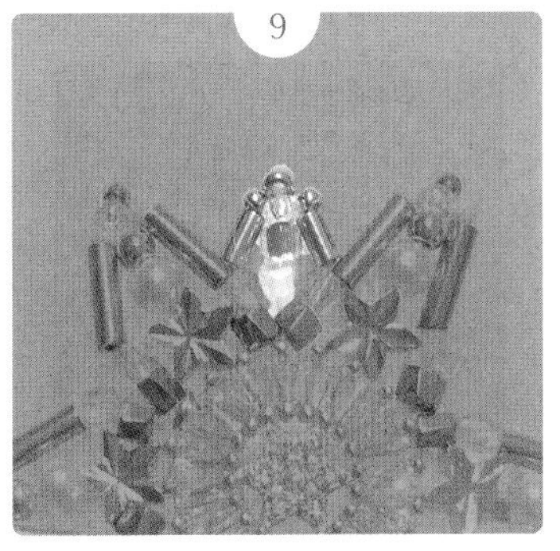

製作一個小的尖角，將角與角之間填滿。

直線部分由下而上：三角形串珠 TR1104（2.5mm）/ 三角形串珠 TR1102（2.5mm）/ 圓小串珠 #250/ 圓小串珠 No.712

斜線由上而下：特小串珠 No.712/ 鍍金珍貴串珠 #191（竹 3mm）

在星形串珠的左上，照片的位置繡上一個圓特小串珠 #471 將間隙填滿。星形串珠的右上也一樣繡上串珠。剩下的五個角也一樣填滿。

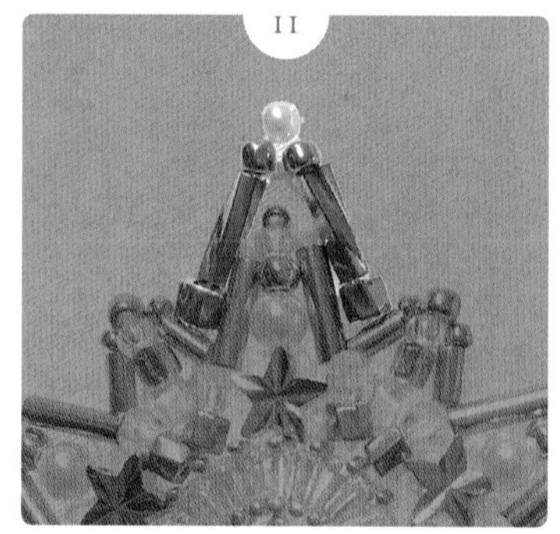


在 5~8 製作的尖角上方再製作一個尖角。

由下而上：鍍金珍貴串珠 TW191（2cut）/ 鍍金珍貴串珠 TW191（2x 6mm）/ 圓小串珠 No.712 頂點使用珍珠串珠 No.200（2mm）

第一個和第二個尖角的間隙以圓小串珠 #250 填滿，6 個角全部都重複 11~12 的步驟。冠狀頭飾中心的星形就完成了。

將玻璃花串珠安裝在蟬翼紗上，花的中心要裝上一個水鑽。

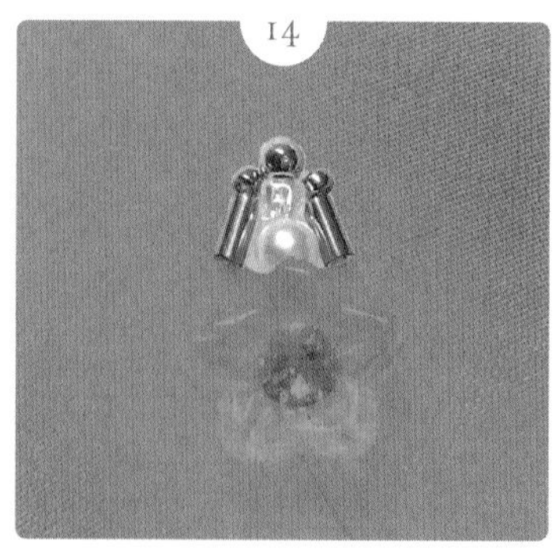


製作花瓣前端延伸出去般的尖角。

直線由下而上：珍珠串珠 No.200（3mm）/ 三角形串珠 TR1151（2.5mm）/ 珍珠串珠 No301（2mm）斜線由上而下：特小串珠 No.712/ 鍍金珍貴串珠 #191（竹 3mm）

在所有花瓣的前端製作一個像 14 一樣的尖角。

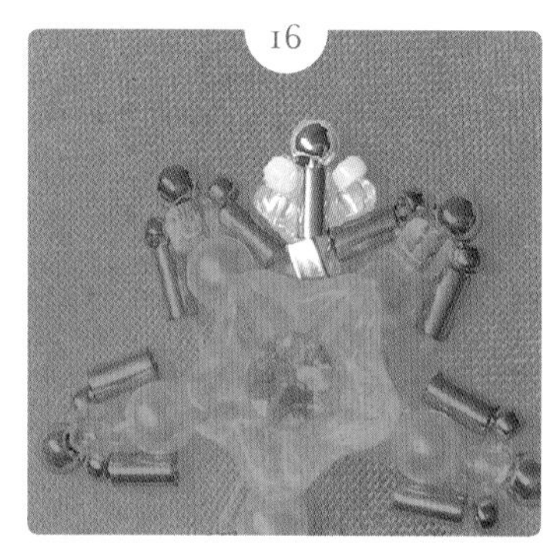


在 15 的尖角之間再製作一個小的尖角。

直線由下而上：鍍金珍貴串珠 TW191（2cut）/ 鍍金珍貴串珠 #191（竹）/ 珍珠串珠 No301（2mm）斜線由上而下：圓特小串珠 #471/ 圓小串珠 #250

剩下的 4 個地方也同樣製作出小尖角。

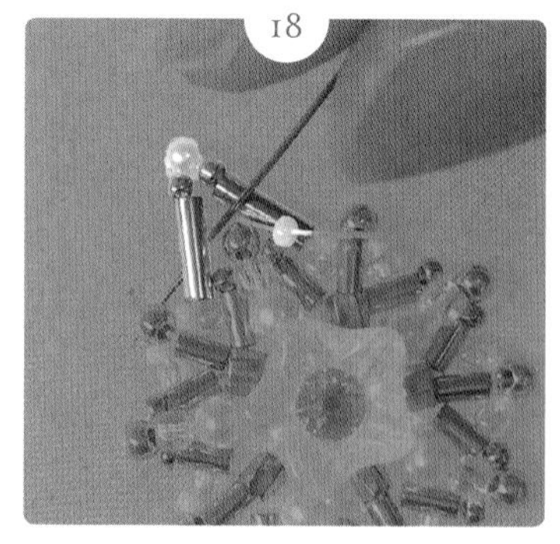


在 14~15 製作的尖角上方，再製作一個尖角。

斜線由下而上：鍍金珍貴串珠 #191（竹 6mm）/ 特小串珠 No.712　頂點是珍珠串珠 No.200（2mm）

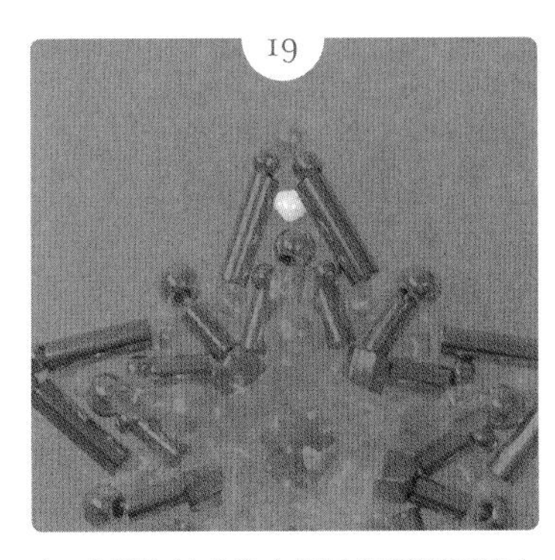

19

在 18 製作的尖角之間的間隙以圓特小串珠 #471 填滿，剩下的 5 個地方也重複同樣的步驟。冠狀頭飾的側邊星星就完成了。

20

重複 13 ～ 19 的作業，再製作出另一個星星。

21

從刺繡框上取下，在設計主題邊緣的背面塗上樹脂液，照射 UV 燈使其固化。

22

從正面和背面兩側照射 UV 燈，當樹脂液完全固化後，沿著主題設計的形狀將蟬翼紗裁剪下來。

23

在背面塗抹布用接著劑。

24

黏貼在毛氈上，沿著設計主題的形狀裁剪下來。

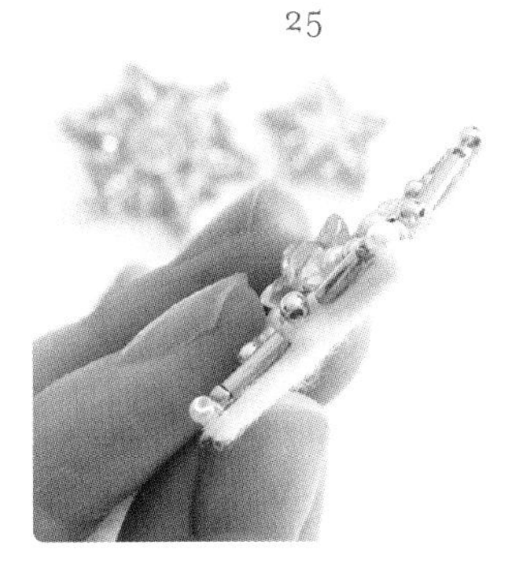

25

從側面看的厚度大約像這樣。剩下來的其他星星也同樣進行 21~24 的步驟。

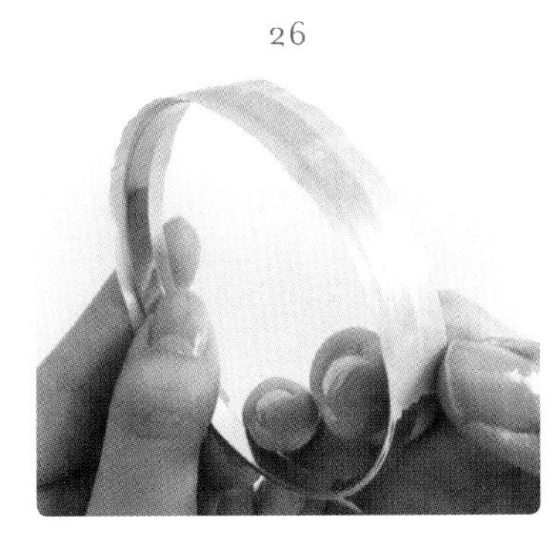

26

確定好想要在冠狀頭飾基底的手鐲上刺繡的範圍，黏貼遮蓋膠帶。

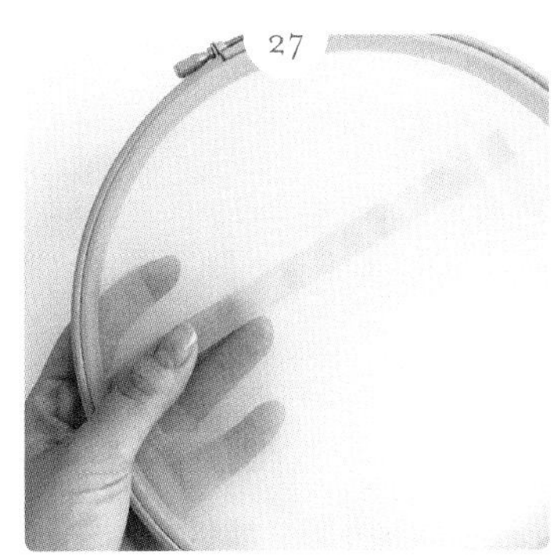

27

在刺繡框（大）上張開一塊蟬翼紗。將 26 的遮蓋膠帶撕下後，黏貼在蟬翼紗上。

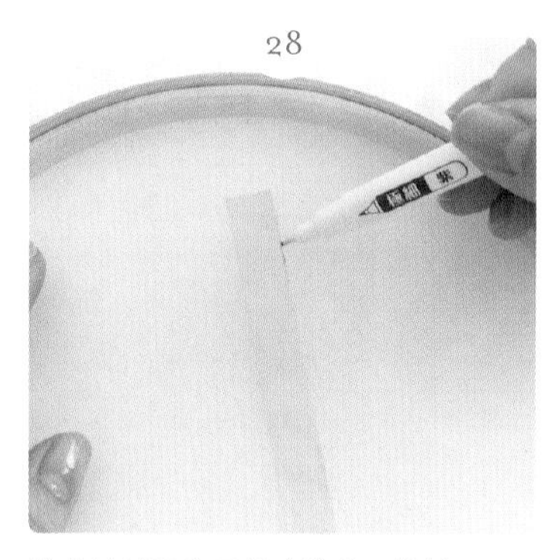


沿著遮蓋膠布用粉土筆畫一條線。

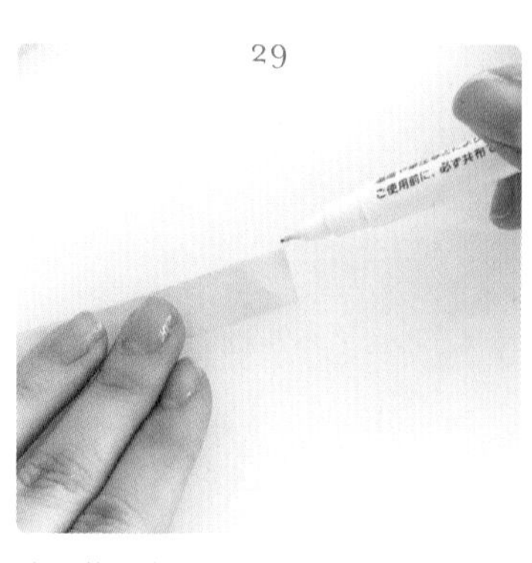


將遮蓋膠布折成兩半，中心畫上十字線。

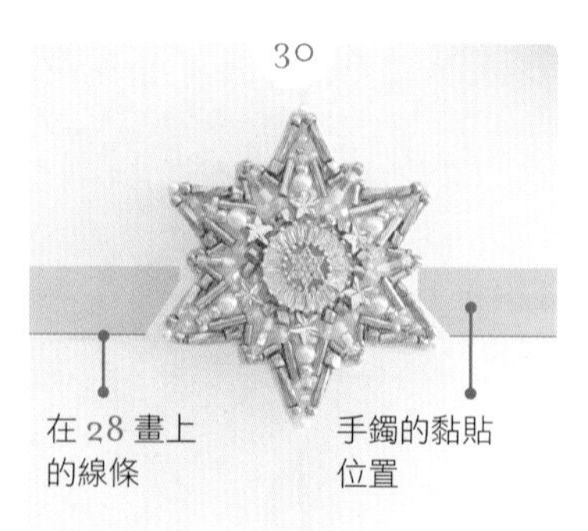


以布用接著劑將 24 黏貼在十字的中心。十字的橫線即為冠狀頭飾的下方線條，所以線下的部分就是會露出手鐲外的部分。

剩下的 2 顆星也是以布用接著劑黏貼在 30 兩側。

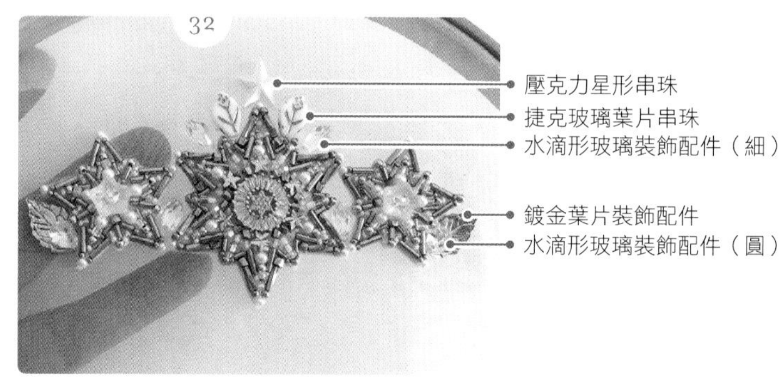


像照片一樣將配件黏貼上去。

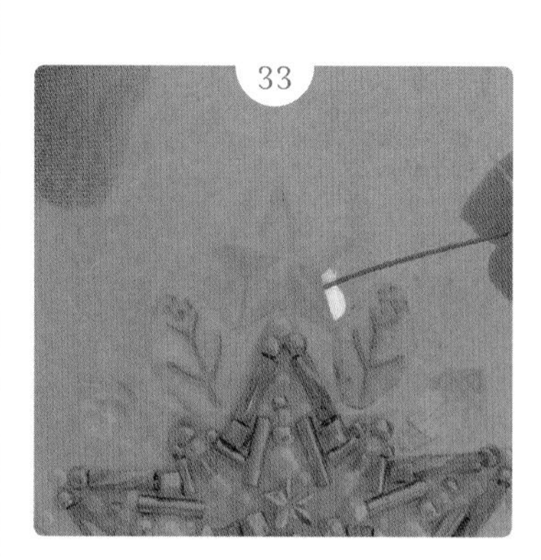


由捷克玻璃葉片串珠的中心朝向壓克力星形串珠，以三角形串珠 TR1104（2.5mm）、圓小串珠 No.22F 的順序繡上串珠。

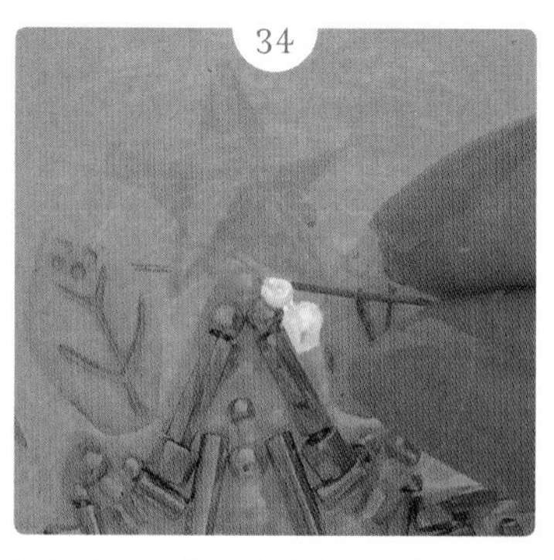


將捷克玻璃葉片串珠與壓克力星形串珠的間隙填滿。

由右而左：圓特小串珠 #471/ 三角形串珠 TR1151（2.5mm）/ 圓特小串珠 #471

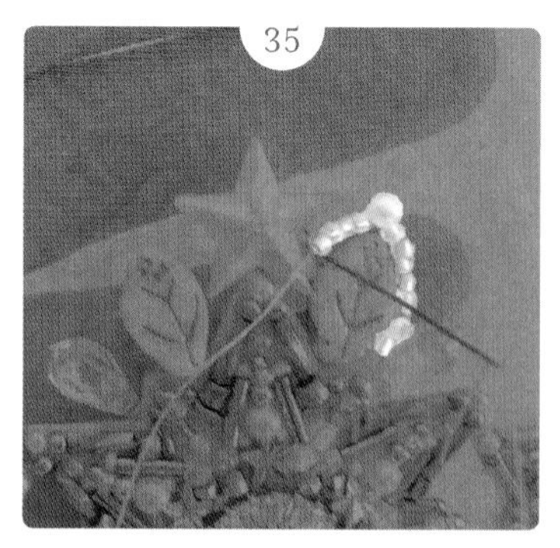


用串珠將捷克玻璃葉片串珠的上半部包圍起來。

圓小串珠 #250/ 圓小串珠 No.22F 頂點是珍珠串珠 No.200（3mm）

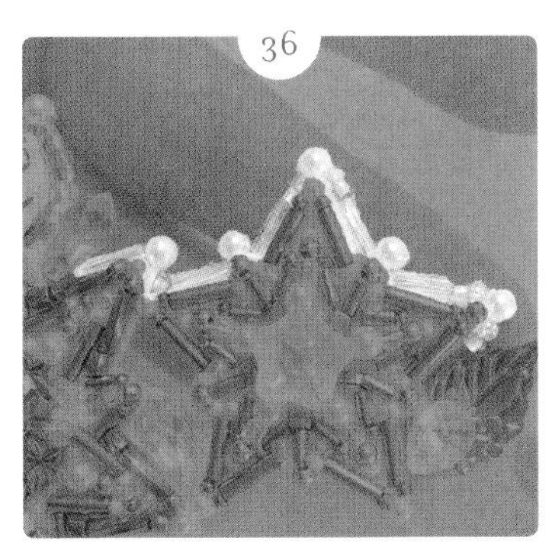

36

沿著側邊的星星輪廓繡上串珠。
珍珠串珠 No.200（3mm）/ 圓小串珠 #250/ 圓小串珠 No.22F/ 扭轉串珠 TW250

37

將水鑽鏈子以斜口鉗切成 5 等分，安裝在用粉土筆畫出的十字橫線上方。

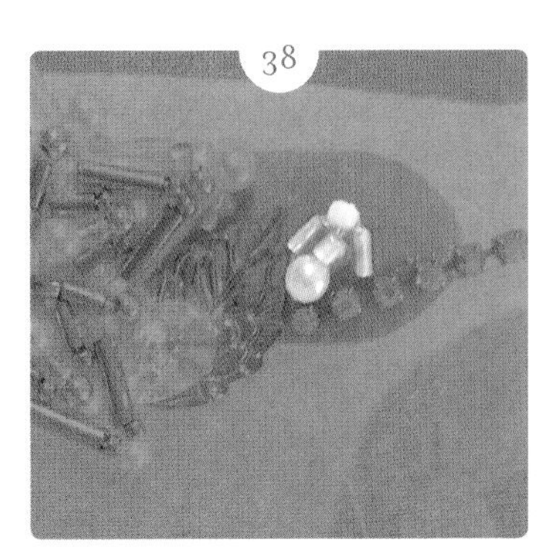

38

在鍍金葉片裝飾配件與水鑽之間製作小形尖角。
直線由下而上：珍珠串珠 No 200 （3mm）/ 圓大串珠 No.22F/ 圓小串珠 No.121 斜線竹串珠（一分竹）No.22F

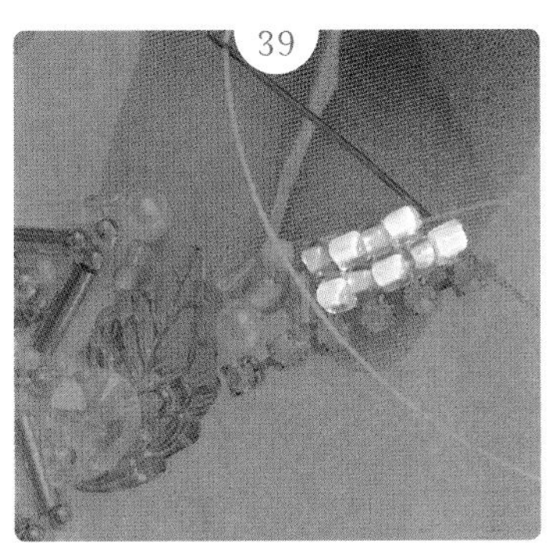

39

在水鑽之上以下段→上段的順序繡上串珠。上段要比下段的串珠減少 1 顆。
三角形串珠 TR1104 （2.5mm）/ 圓小串珠 No.22F

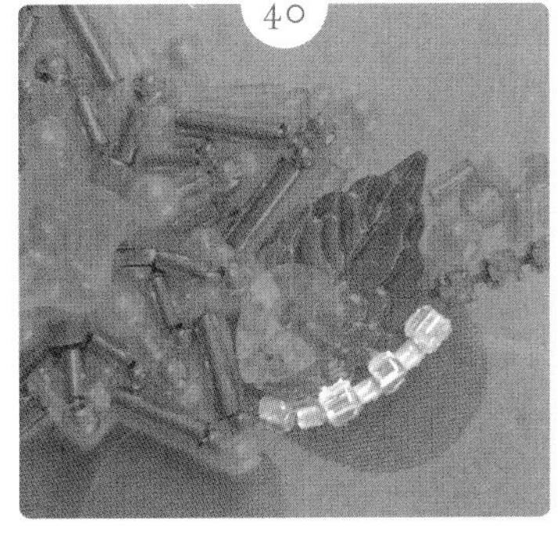

40

在鍍金葉片裝飾配件下方，交互繡上三角形串珠 TR1104 （2.5mm）、圓小串珠 No.22F。

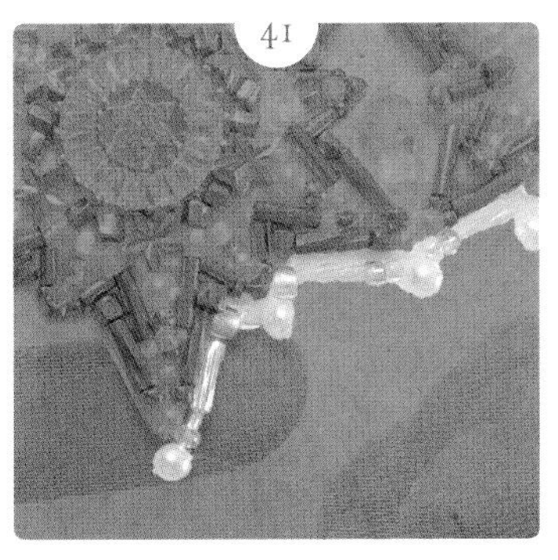

41

下半部也和 36 一樣的步驟，將中心的星星周圍包圍起來。

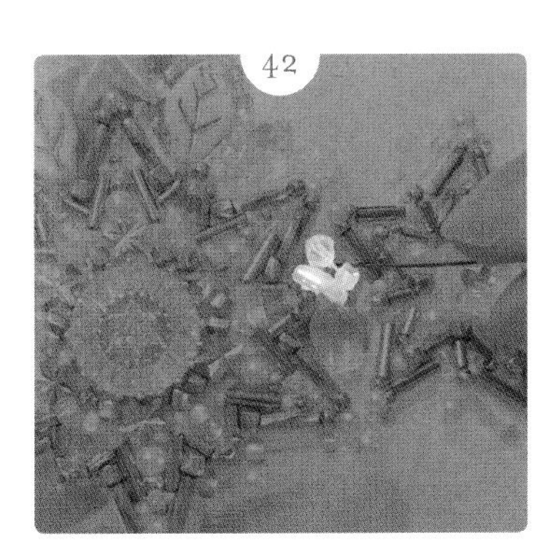

42

用單珠繡來填滿星星和星星之間。
圓小串珠 #250、棗形珍珠 No.200、三角形串珠 TR1104（2.5mm）、玻璃串珠（4mm）

43

左半部分也以 33~42 相同的步驟繡上串珠。

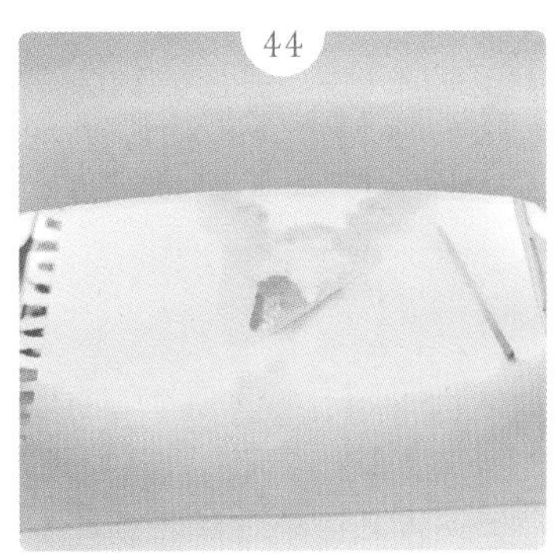

44

自刺繡框取下，在設計主題的邊緣後面塗上樹脂液，照射 UV 燈使之固化。

45

在星星和星星之間，從背面以布用接著劑黏貼事前準備作業時切成一半的金蕾絲。

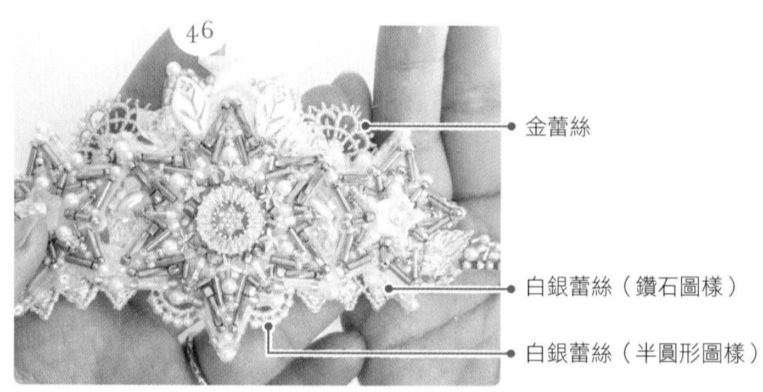


另一側也同樣黏貼上切成一半的金蕾絲。下部如照片一般黏貼 2 種不同的蕾絲。

47

以布用接著劑黏貼合成皮革，再裁剪成設計主題的形狀。請注意不要裁剪到蕾絲。

48

將事前準備裁剪好的十字架花絲，沿著手鐲的弧度折彎，再以接著劑安裝上去。

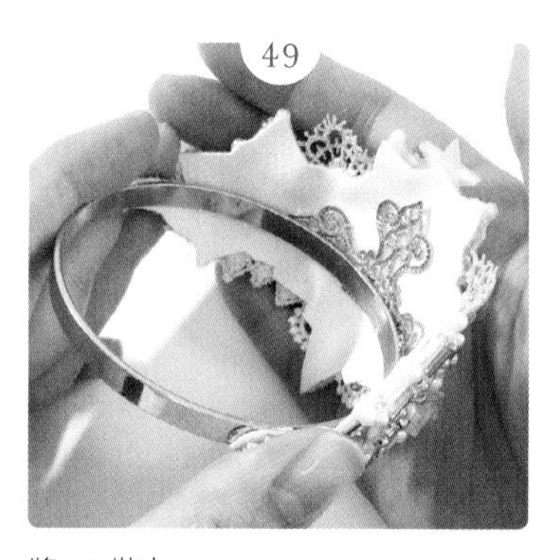
49

將 47 裝上。

50

將金蕾絲以覆蓋住十字架花絲的方式安裝上去。

51

在手鐲的內側裝上白蕾絲之後就完成了。

● 各種串珠的配置

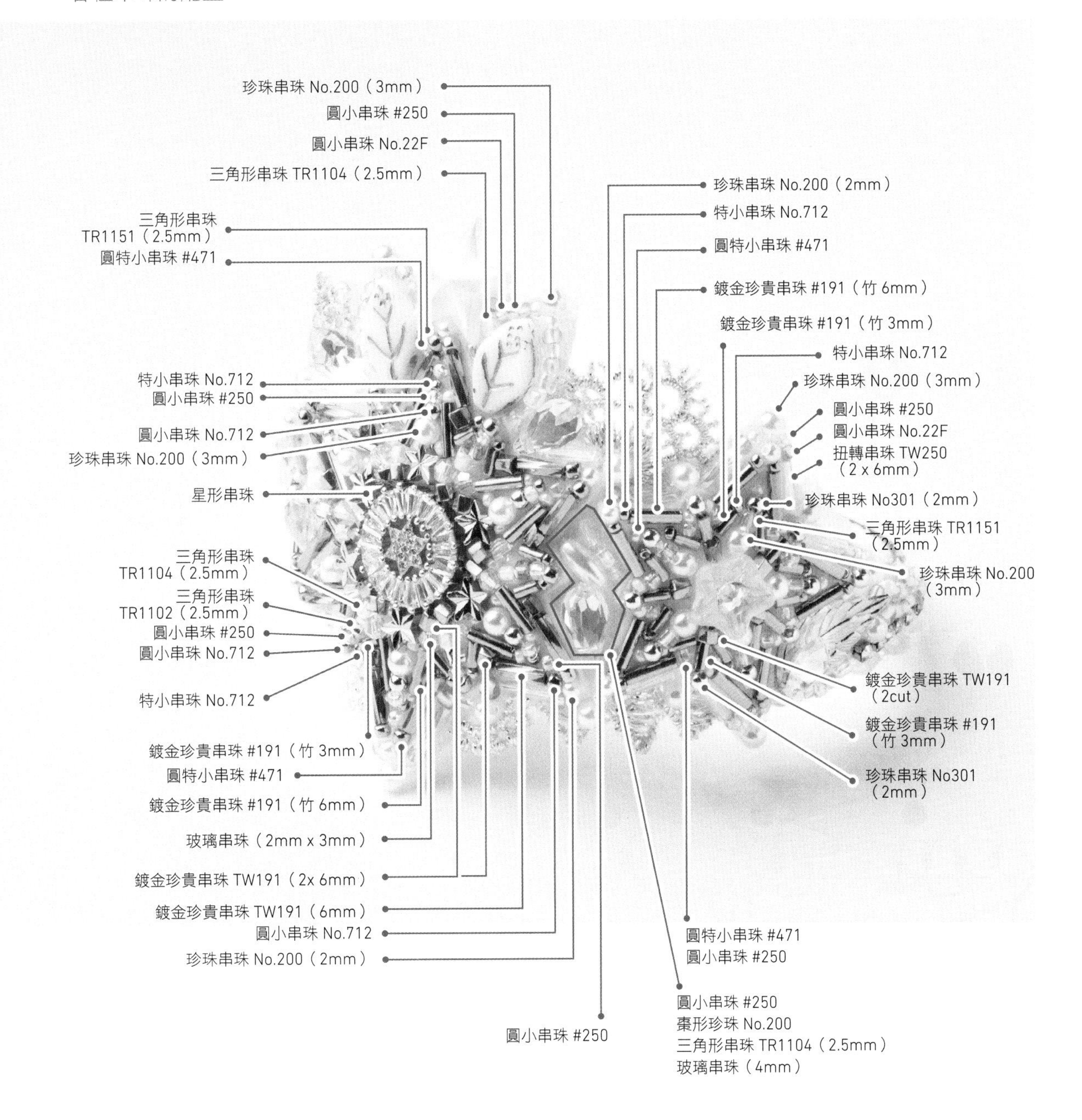
珍珠串珠 No.200（3mm）
圓小串珠 #250
圓小串珠 No.22F
三角形串珠 TR1104（2.5mm）
三角形串珠
TR1151（2.5mm）
圓特小串珠 #471
特小串珠 No.712
圓小串珠 #250
圓小串珠 No.712
珍珠串珠 No.200（3mm）
星形串珠
三角形串珠
TR1104（2.5mm）
三角形串珠
TR1102（2.5mm）
圓小串珠 #250
圓小串珠 No.712
特小串珠 No.712
鍍金珍貴串珠 #191（竹 3mm）
圓特小串珠 #471
鍍金珍貴串珠 #191（竹 6mm）
玻璃串珠（2mm x 3mm）
鍍金珍貴串珠 TW191（2x 6mm）
鍍金珍貴串珠 TW191（6mm）
圓小串珠 No.712
珍珠串珠 No.200（2mm）
圓小串珠 #250
珍珠串珠 No.200（2mm）
特小串珠 No.712
圓特小串珠 #471
鍍金珍貴串珠 #191（竹 6mm）
鍍金珍貴串珠 #191（竹 3mm）
特小串珠 No.712
珍珠串珠 No.200（3mm）
圓小串珠 #250
圓小串珠 No.22F
扭轉串珠 TW250
（2 x 6mm）
珍珠串珠 No301（2mm）
三角形串珠 TR1151
（2.5mm）
珍珠串珠 No.200
（3mm）
鍍金珍貴串珠 TW191
（2cut）
鍍金珍貴串珠 #191
（竹 3mm）
珍珠串珠 No301
（2mm）
圓特小串珠 #471
圓小串珠 #250
圓小串珠 #250
棗形珍珠 No.200
三角形串珠 TR1104（2.5mm）
玻璃串珠（4mm）

Piari

*Melty Bonbon*

## 梅爾蒂的奶油糖

沒有心的女孩梅爾蒂吃了一個人的怦然心動感覺，因此體會到了那個人的悸動以及心意，讓她一瞬間成為了一個大人。作為讓她嘗心的謝禮，梅爾蒂特地為那個人的心意施上魔法，讓那份心意能綻放出更加閃耀的光輝。

製作方法 第137頁

# 梅爾蒂的奶油糖

*Melty Bonbon*

材料 Materials

- 可列印布料（無上膠類型）

①毛氈（黑）
②彩繩（銀）
③彩繩（黑 × 白）
④彩繩（黑）
⑤［黏貼配件］
玻璃寶石鈕扣 ×1
水滴形紫玻璃寶石 ×6
杏仁形紫玻璃寶石 ×7
淡紫色玫瑰圓凸面寶石 ×1
無光澤紫玫瑰 ×3
紫紅色玫瑰圓凸面寶石 ×2
紫色 6 片花瓣圓凸面寶石 ×1
黑花圓凸面寶石 ×1
紅花圓凸面寶石 ×2
淡紫色花圓凸面寶石 ×1
紫紅色珍珠圓凸面寶石 ×1
白花捷克玻璃串珠 ×2
淡紫色貝殼葉片串珠 ×3
紫紅色捷克玻璃串珠 ×2
淡紫色捷克玻璃葉片串珠 ×1
暗紫色捷克玻璃葉片串珠 ×3
淡紫色花圓凸面寶石 ×2
無光澤紫玫瑰圓凸面寶石 ×3
光澤紫玫瑰圓凸面寶石 × 1
白花捷克玻璃串珠 ×2
紫紅色葉片捷克玻璃串珠 ×2
紫紅色花圓凸面寶石 ×2
淡紫色葉片圓凸面寶石 ×3
紫色葉片捷克玻璃串珠 ×2

⑥［串珠］
· 鑽石形玻璃串珠紫（2~4mm）
· 鑽石形玻璃串珠黑（4mm）
· 鑽石形玻璃串珠白（4mm）
· 鑽石形玻璃串珠透明（2~6mm）
· 鑽石形玻璃串珠粉紅色（2~4mm）
· 鑽石形玻璃串珠淺藍色（3~4mm）
· 紫珍珠 3mm 數顆（約 10 顆）
· 三角形串珠紫（3mm）
· 三角形串珠黑（3mm）
· 三角形串珠透明（3mm）
· 紫（紫、藍紫、淡紫色、霧面紫 / 各 4 色）圓小串珠
· 紫（紫、藍紫、淡紫色 / 各 3 色）特小串珠
· 紫（紫、藍紫 / 各 2 色）圓大串珠
· 黑圓小串珠
· 黑特小串珠
· 黑圓大串珠
· 淺藍色圓小串珠
· 淺藍色特小串珠
· 透明圓小串珠
· 透明特小串珠
· 紅特小串珠
· 霧面金特小串珠
· 竹 3mm 黑
· 竹 6mm 黑
· 竹 12mm 黑
· 竹 3mm 紫
· 竹 12mm 紫
· 竹 3mm 紅（酒紅色、紅色等 2 色）
· 竹 3mm 粉紅色（煙燻粉色、粉紅色等 2 色）
· 竹 3mm 白
· 竹 3mm 透明
· 竹 6mm 透明
· 竹 12mm 透明
· 竹 3mm 淺藍色
· 竹 3mm 銀

⑦［亮片］
· 紫（四角）4mm
· 銀（圓）4mm
· 極光（圓）6mm
· 淺藍色不透明（圓）6mm
· 淺藍色透明（圓）6mm

用具 Tools

- iPad
- iPad Pencil 觸控筆
- 插圖製作軟體（CLIP STUDIO PAINT）
- 噴墨式印表機
- 含亮粉布用顏料
- 筆刷
- 布用剪刀
- 布用接著劑
- 刺繡框
- 刺繡針
- 刺繡線（紫）
- 接著劑（Super-XG/ 施敏打硬）

1

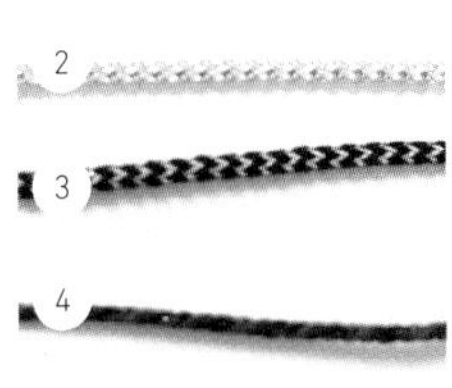


5

6

7
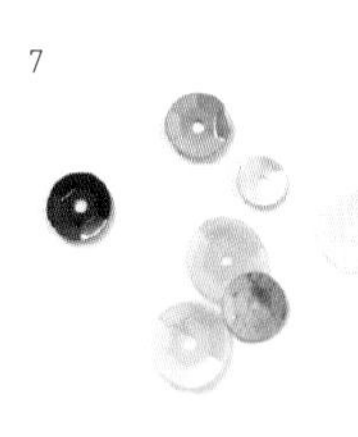

使用數位工具進行繪圖。如何讓外形輪廓愈簡單愈好即為作畫的重點（作畫使用的軟體是 CLIP STUDIO PAINT）。

為了要讓完成品能夠更有立體感，插圖描繪的時候分為 3 個圖層。意識到立體深度，以區分為前方的部分以及後方的部分為意象。

將插圖列印在可列印的布料上。

墨水乾燥後，以加入亮粉的布用顏料上色。

沿著圖畫的形狀裁剪下來。

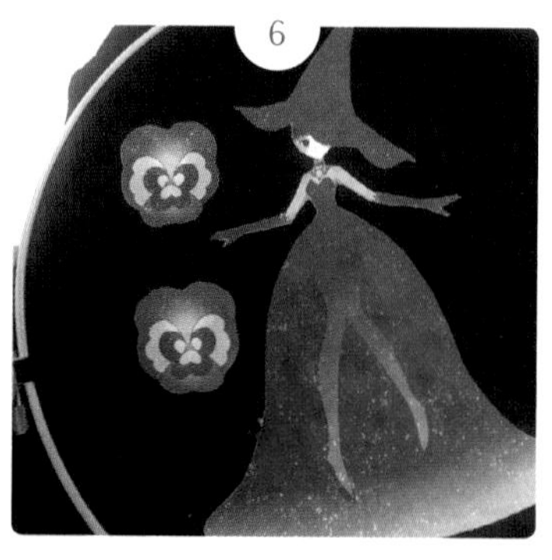


在刺繡框上固定一塊黑色毛氈，將第 1 層圖層的圖案以布用接著劑黏貼上去。

像照片一樣，均衡地貼上花、葉子和水滴形的配件。※ 所有配件都使用接著劑黏貼。

使用接著劑將大型配件安裝上去，再繡上 1~4mm 的串珠將間隙填滿。
※ 後續步驟如果沒有特別說明的話，都是以回針繡作業。

裙子部分也使用接著劑將大型配件黏貼上去，然後繡上 1~4mm 的串珠將間隙填滿。

腳的部分使用數種不同的竹串珠，排列呈現出漸層效果。

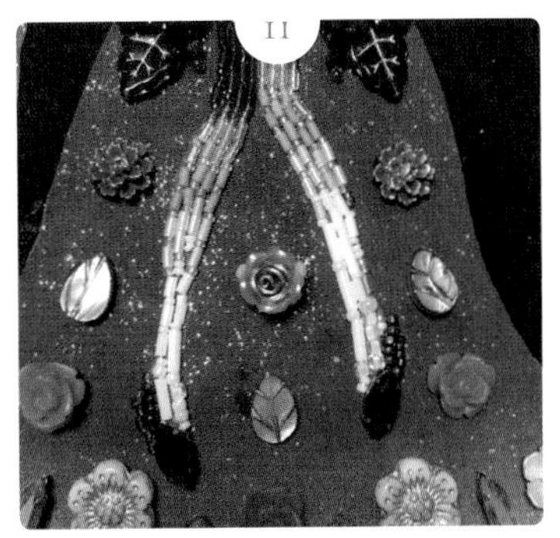


步驟7已經在腳尖上黏貼了黑色配件，所以要再繡上黑色的串珠，將鞋跟的部分製作出來。

在花的配件周圍，以放射狀的光芒為意象，繡上竹串珠。

裙子整體由上而下以配色成黑→紫→白的漸層效果為意象，繡上串珠。

在間隙中繡上亮片及串珠填滿。

禮服的胸部與長手套要繡上黑色串珠。

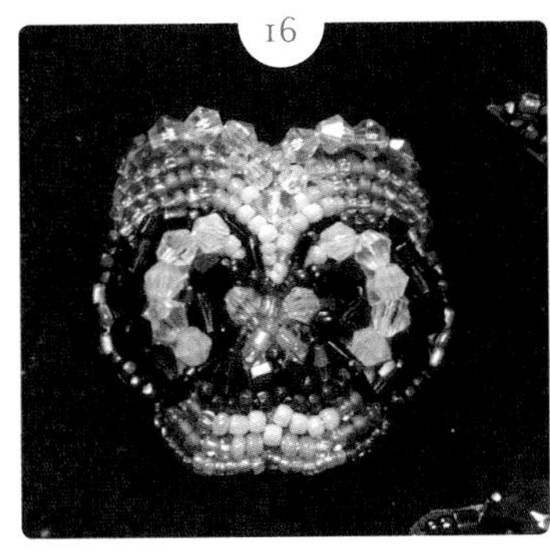


接下來要進行三色堇花朵的刺繡。一邊意識到原畫的圖樣以及漸層效果，一邊考量串珠的尺寸和配色。

另一個三色堇也以同樣的方式刺繡上去

以布用接著劑將彩繩（黑） 黏貼在三色堇的周圍。

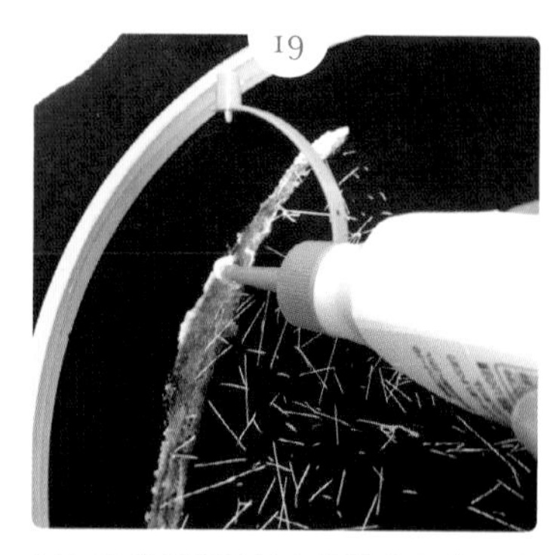
19

以布用接著劑塗抹在設計主題邊緣的背面補強。

20

布用接著劑乾燥後，從刺繡框上取下，沿著設計主題的形狀將毛氈裁剪下來。

21

第 1 層刺繡完成。

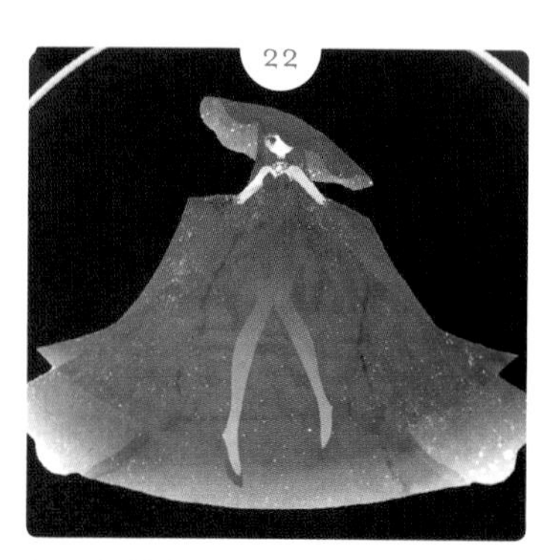
22

再次在刺繡框上固定一塊黑色毛氈，將第 2 層圖層的圖案以布用接著劑黏貼上去。

23

以布用接著劑將 21 黏貼在上面。三色堇則還不要黏貼。

24

為了要凸顯裙子的輪廓線，以布用接著劑將彩繩（銀）黏貼上去。

25

同樣為了要凸顯出帽子的輪廓線，將彩繩（黑 × 白）黏貼上去。

26

繡上 1~2mm 的串珠、竹串珠、亮片等等，表現出頭髮的感覺。

27

繡上串珠，呈現出朝向髮梢的漸層效果，並且藉由分色來呈現出髮束感。

頭髮刺繡完成的狀態。

將帽子內側用亮片和串珠以單珠繡填滿。

從手臂垂下的布的部分要沿著手臂的方向，使用與周圍的串珠刺繡不同的顏色，以如同點描的方式，保留一些間隙繡上單珠繡。

在手臂垂下的布下襬部分，以單珠繡的方式繡上大小尺寸不同的亮片和串珠。

為了要讓 24 裝上的彩繩與周圍融合，將茶色串珠以單珠繡的方式等間隔繡上串珠。

同樣為了要讓 25 安裝在帽子周圍的彩繩與周圍融合，將紫色串珠以單珠繡等間隔繡上串珠。第 2 層也完成了。

再次在刺繡框上固定一塊黑色毛氈，將第 3 層圖層的圖案以布用接著劑黏貼上去。將第 1 層製作完成的三色堇左右對稱黏貼上去。

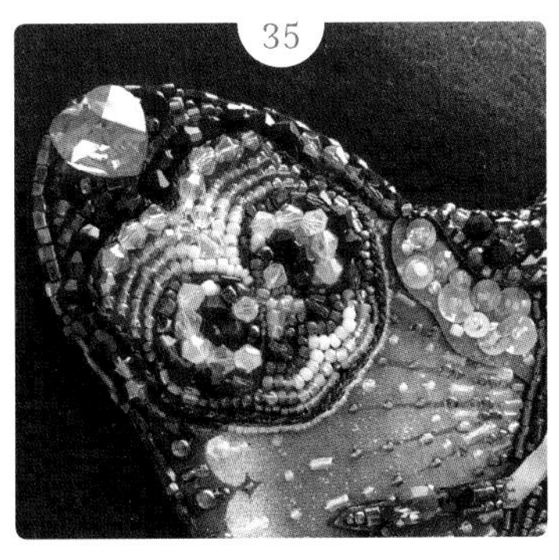


用接著劑將玻璃配件安裝至翅膀的邊角，翅膀整體要一邊意識到原畫的圖樣，一邊以單珠繡的方式繡上串珠。

沿著設計主題的形狀將毛氈裁剪下來就完成了。

## 作家個人資料（依照刊載順序）

**Usagi Cafe**

製作著孩童時代憧憬的閃亮可愛變身道具以及魔法物品。只要看上一眼就能讓人怦然心動…希望我能夠製作出像那樣的作品。

Twitter：@Usagi__Cafe
Instagram：@usagiii.cafe

**Sakurarium**

基於「將一年四季盛開櫻花的魔力獻給妳」的理念，以能夠施展櫻之魔法的櫻花魔法少女道具為主，製作出各種以櫻花為設計主題的道具。 參加過諸如 Design Festa（國際藝術設計節）和 Altvalier（服飾雜貨設計展）等活動。如果能用我所創造出來道具，幫助妳盛開屬於自己的櫻花魔法，我將不勝感激。

Twitter：@sakurarium_hm
Instagram：@sakurarium

**Caramel*Ribbon**

♡世上所僅有的一個祕密魔法♡
喚醒潛藏在妳心中的【魔法】，製作出獨一無二的魔法飾品。故事中的主角，一直都是「妳」……♡

Shop：http://caramelribbonvv.cart.fc2.com
HP：https://xcaramelribbonx.wixsite.com/caramelribbon
Twitter：@caramelribbonvv
Instagram ：@caramelribbonvv

**Spin**

插畫家。以原創物品設計與販賣為中心活動中。
朝向實現各種神秘事物的結合與充滿玩心的畫作為目標。

HP：https://spinnocite .tumblr.com/
Shop：https://spinspinspin.booth.pm/
Twitter：@hareroom1
Instagram：@marchhare244

**Oriens**

以玩賞的角度，製作各式「魔法世界的道具」。希望你能找到那個令你發光、只屬於你的魔法道具。共同著作有《魔法雜貨的製作方法 魔法師的秘密配方》（北星圖書公司出版）。

Shop：https://minne.com/@oriens0416
Instagram：@oriens.0526
Twitter：@oriensss0526

**Piari**

存在於作品裡不同顏色中的角色人物：「トモビト（同時包含友人．供人．燈人等 3 種意義）」，是屬於你的友方同伴。以串珠刺繡製作出各種心靈的護身符。

Shop：https://piarica.thebase.in
Instagram：@piaricapiari
Twitter：@piaricapiari

作者紹介

## 魔法用具錬成所

研究魔法雜貨、飾品製作方法的組織。在穿梭於幻想與現實之間的同時，全心致力於收集「似乎真的能夠使出魔法的道具」及推廣魔法風格的手工藝製作。著作有《魔法雜貨的製作方法 魔法師的秘密配方》（北星圖書公司出版）。

Staff

攝影
田中舘裕介

設計
田村保壽

照片編輯
阿原薰

企劃、編輯・DTP
株式會社 MANUBOOKS

助理造型師
石田聖恵（DEXI）

編輯統籌
川上聖子（HOBBY JAPAN）

材料協力

株式會社 Padico
150-0001
東京都渋谷區神宮前 1-11-11-408
Tel.03- 6804-5171（代表號）
https://www .padico.co.jp/

Resin 道
579-8062
大阪府東大阪市上六萬寺町 1-13
Tel.072- 980-2390
https://store. shopping.yahoo.co.jp/resindou47/

日新 Resin 株式會社
245-0053
神奈川県横濱市戸塚區上矢部町 2280 番地
Tel.045-81 1-1093
http://www nissin-resin.co.ip/

施敏打硬株式會社
141-8620
東京都品川區大崎 1-11-2
GATE CITY OHSAKI EAST TOWER
https://www.cemedine.co.jp/

TOHO 株式會社
733-0003
廣島市西區三篠町 2 丁目 19- 19
http://www. toho-beads.co.jp/

株式會社 MIYUKI
720-0001
廣島縣福山市御幸町上岩成 749 番地
https://www.miyuki-beads.co.jp/

# 魔法少女的秘密工房

## 變身用具和魔法小物的製作方法


| | |
|---|---|
| 作　者 | 魔法用具錬成所 |
| 翻　譯 | 葉凱翎 |
| 發行人 | 陳偉祥 |
| 出　版 | 北星圖書事業股份有限公司 |
| 地　址 | 234 新北市永和區中正路 462 號 B1 |
| 電　話 | 886-2-29229000 |
| 傳　真 | 886-2-29229041 |
| 網　址 | www.nsbooks.com.tw |
| E-MAIL | nsbook@nsbooks.com.tw |
| 劃撥帳戶 | 北星文化事業有限公司 |
| 劃撥帳號 | 50042987 |
| 製版印刷 | 皇甫彩藝印刷股份有限公司 |
| 出版日 | 2021 年 03 月 |
| I S B N | 978-957-9559-67-6 |
| 定　價 | 460 元 |




國家圖書館出版品預行編目（CIP）資料

魔法少女的秘密工房：變身用具和魔法小物的製作方法 / 魔法用具錬成所著；葉凱翎翻譯. -- 新北市：北星圖書, 2021.03
面；　公分

ISBN 978-957-9559-67-6（平裝）

1.手工藝　2.工藝美術

426　　109018440

臉書粉絲專頁　　LINE 官方帳號